HISTOIRE

GÉNÉRALE ET PARTICULIÈRE

DU

DÉVELOPPEMENT

DES CORPS ORGANISÉS,

PUBLIÉE SOUS LES AUSPICES DU MINISTRE DE L'INSTRUCTION PUBLIQUE,

PAR

M. COSTE,

MEMBRE DE L'INSTITUT, PROFESSEUR AU COLLÉGE DE FRANCE.

TOME DEUXIÈME

(4e FASCICULE).

Erratum. — Page 22, ligne 21, lisez : *antérozoïdes*, au lieu de *antérosidies*.

PARIS,

VICTOR MASSON, LIBRAIRE-ÉDITEUR,

1, PLACE DE L'ÉCOLE-DE-MÉDECINE.

MÊME MAISON, CHEZ L. MICHELSEN, A LEIPZIG.

1859

HISTOIRE

GÉNÉRALE ET PARTICULIÈRE

DU

DÉVELOPPEMENT

DES CORPS ORGANISÉS.

Paris. — Imprimerie de E. DONNAUD, rue Cassette, 9.

TROISIÈME PARTIE.

MÉLANGE
DE L'ÉLÉMENT MÂLE
ET
DE L'ÉLÉMENT FEMELLE.

FÉCONDATION.

HISTOIRE

GÉNÉRALE ET PARTICULIÈRE

DU DÉVELOPPEMENT

DES CORPS ORGANISÉS.

CHAPITRE I.

CONSIDÉRATIONS GÉNÉRALES SUR LA FÉCONDATION.

La fécondation est l'acte par lequel l'élément générateur mâle et l'élément générateur femelle se mêlent l'un à l'autre, se confondent en une seule et même substance, future et vivante image des parents dont elle émane, et dont elle porte la double empreinte à la suite de cette visible et mystérieuse incarnation : visible, parce qu'on peut en suivre la trace matérielle; mystérieuse, parce que les formes phénoménales qui en dérivent ne sauraient en révéler l'essence.

La nécessité du contact des deux substances, si ce n'est encore de leur mélange, pour opérer la fécondation, est, au moins en ce qui concerne certaines espèces du règne végétal, un fait tellement frappant, que sa connaissance inspira aux premiers peuples l'idée d'une pratique agricole destinée à assurer la fructification d'une plante, dont les produits entraient pour une grande part dans leur régime alimentaire : je veux parler de la fécondation artificielle du Dattier, antique tradition que les Arabes de nos jours conservent avec autant de fidélité qu'ils en ont mis à garder le costume d'Abraham et de Jacob, leurs ancêtres.

Déjà, en effet, au temps d'Hérodote, près de cinq siècles avant notre ère, dans les champs cultivés de la vieille Assyrie, où le Dattier était devenu l'objet de grandes exploitations, non-seulement à cause de l'excellence de son fruit sucré, mais aussi pour le miel et le vin qu'on savait en extraire, les Babyloniens avaient parfaitement reconnu que, dans ce genre d'arbres, les sexes étaient séparés sur des individus distincts, et que lorsque des sujets mâles ne fleurissaient pas à côté des sujets femelles de leurs plantations, ces dernières étaient vouées à la stérilité (1). Aussi les voyait-on, chaque année, pour mettre la récolte à l'abri des funestes consé-

(1) « La plaine est couverte de Palmiers. La plupart portent des fruits ; « on en mange une partie, et de l'autre on en tire du vin et du miel. Ils les « cultivent de la même manière que nous cultivons les figuiers. On lie et on « attache le fruit des Palmiers, que les Grecs appellent Palmiers mâles, aux « palmiers qui portent des dattes, afin que le moucheron s'introduisant dans la « datte, la fasse mûrir et l'empêche de tomber ; car il se forme un moucheron « dans le fruit des Palmiers mâles comme dans celui des Palmiers sauvages. » (*Histoire d'Hérodote*, trad. de Larcher ; Paris, 1786, T. I, p. 147.)

quences de cet isolement, attacher aux branches de leurs Palmiers cultivés, les régimes fleuris des Palmiers sauvages mâles que, probablement, comme les Arabes de nos jours, ils allaient cueillir dans les forêts du voisinage, afin d'en utiliser la poussière séminale sur leurs riches domaines. La négligence de ce soin aurait entraîné pour eux les plus grands dommages, si l'on en juge par ce qui s'est passé dans la Basse-Égypte, où, en 1800, tous les Palmiers furent privés de fruits, parce que la guerre des Musulmans avec les Français empêcha les paysans d'aller chercher dans les déserts les rameaux fécondants.

Hérodote qui, dans la relation de son voyage à Babylone, parle de cette pratique des Assyriens comme d'une merveille de leur industrie, dont rien n'indique cependant qu'il ait jamais été le témoin, en donne une explication erronée. Il la confond avec la caprification, usitée en Grèce sur le Figuier, pour favoriser la maturation de ses fruits. Mais il n'y a, au fond, aucun rapport entre ces deux opérations, malgre leur analogie apparente. Dans le Figuier, des Insectes, nommés *Cynips*, sortant des figues sauvages où ils établissent leur demeure, vont piquer les figues cultivées, et, par l'influence de cette blessure, accélèrent ou déterminent la maturité de la récolte; dans le Dattier, c'est la *poussière séminale des fleurs mâles* qui tombe dans le calice des fleurs femelles qu'elle féconde. Or, si, confondant ces deux phénomènes, les Babyloniens eussent opéré sur le Palmier comme les Grecs opéraient sur le Figuier, la stérilité de leurs arbres n'aurait pas tardé à les éclairer sur leur erreur, et à les faire renoncer à cette pratique illusoire.

Mais les Grecs eux-mêmes ne paraissent jamais avoir partagé sur ce point la fausse croyance d'Hérodote; car, à peine à un siècle de distance, Théophraste, disciple et contemporain de Platon et d'Aristote, parle de la fécondation artificielle du Dattier, comme d'une pratique vulgaire et connue pour ainsi dire de tout temps dans sa patrie. Il dit positivement que les Palmiers femelles ne peuvent donner de fruits, à moins qu'on n'ait secoué la poussière des fleurs mâles sur leurs fleurs. «*Fructum autem perdurare in palma fœmina nunquam posse : nisi florem maris cum pulvere super eam concusserint*» (1).

Le fait et la nécessité du contact des deux substances pour opérer la fécondation, sont donc une connaissance qui remonte au berceau même de la civilisation, puisqu'elle date du jour où le Palmier sauvage passa à l'état d'arbre cultivé, c'est-à-dire du moment où l'homme commença à exploiter la terre.

Cette connaissance, convertie en pratique agricole par les peuples d'Orient, transmise d'âge en âge par les historiens et les naturalistes (2), inspira la muse des poëtes. Ovide

(1) Théophraste, *de Causis plant* Luteciæ, 1829; Lib. 3, Cap. 23, p. 167.

(2) Pline, dans son *Histoire du monde*, décrit avec exactitude la fructification des Palmiers et paraît même avoir eu des idées assez nettes sur les sexes des plantes en général : « Arboribus, imo potius omnibus quæ « terra gignat, herbisque etiam, utrumque sexum esse diligentissimi na- « turæ tradunt : quod in plenum satis sit dixisse hec in loco : nullis tamen ar- « boribus manifestius (quam palmæ). . . Cætero sine maribus non gig- « nere fœminas sponte edito nemore confirmant : circaque singulos plures « nutare in eum pronas blandioribus comis. Illum erectis hispidum, afflatu « visuque ipso et pulvere, etiam reliquit maritare : hujus arbore excisâ viduas « post sterilscere fœminas. » Et ailleurs, « Dari in plantis veneris intellectum, « maresque afflatu quodam et pulvere etiam fœminas maritare. » (Pline, *Hist. mundi*; Paris, édit. de N. E. Lemaire, 1829, T. V, Liv. XIII, Ch. 7, p. 161 et 163).

célébra l'influence de la floraison sur la formation des graines, mais sans faire, dans ses vers, aucune allusion directe à l'union des sexes (1). Claudien, au contraire, plus précis en ce point que les naturalistes ses devanciers, soumet toutes les plantes à l'empire de l'amour, et semble faire de leur alliance la condition universelle de leur reproduction (2). Mais le mélange d'arbres dioïques et monoïques sous la même tournure de phrase, et le défaut de distinction entre les modes de génération des uns et des autres, prouvent que ce n'est là qu'une de ces généralisations idéales, si familières aux poëtes pour s'affranchir de toute entrave dans l'expression de leur pensée, et démontrent que le Dattier était le seul arbre sur le sexe duquel on eût alors des notions précises.

Cassianus Bassus, traduit par Stapel, exprime, aux IIIe et IVe siècles de notre ère, des idées analogues à celles de Pline : « Palma ipsa amat et quidem « ardenter alteram palmam velut Florentinus in georgicis suis tradit, neque « prius desiderium in ipsa cessat donec ipsam dilectus consoletur.... Me- « dela amoris est ut agricola frequentem masculam contingat et manus « suas amanti admoveat ; et maxime ut flores de capite masculæ ademptos « in caput amantis imponat, hoc namque modo amorem mitigat et palma « ipsa splendida reddita de cætero optimum et pulcherrimum fructum feret. »

(1) Si bene floruerint segetes, erit area dives :
Si bene floruerit vinea, Bacchus erit :
Si bene floruerint oleæ, nitidissimus annus ;
Pomaque proventum temporis hujus habent.
Flore semel læso pereunt viciæque fabæque ;
Et pereunt lentes, advena Nile, tuæ.
(Ovide, *Fastes*, *liv.* 5 V. 263).

(2) Vivunt in venerem frondes omnisque vicissim
Felix arbor amat : nutant ad mutua palmæ
Fœdera ; populeo suspirat populus ictu
Et platani platanis, alnoque adsibilat alnus.
(Claudien, *Épithalame d'Honorius et de Marie*. V. 65.)

Jovien Pontanus raconta, en vers élégants et devenus célèbres (1), les amours de deux Palmiers qui vivaient au xve siècle, l'un à Brindes, l'autre à Otrante, et dont le mâle, malgré une distance de trente milles, féconda la femelle lorsqu'il s'éleva assez haut pour dépasser la cime des arbres qui avaient été jusque-là un obstacle à l'entraînement de la poussière séminale, et, par conséquent, au contact de deux substances. Mais le poëte n'ajouta rien à ce que l'industrie des anciens avait depuis si longtemps appris sur la nécessité de ce contact. Il piqua la curiosité publique par une peinture animée de ce singulier phénomène, sans déterminer les botanistes à entreprendre des recherches propres à établir si l'union des sexes était une loi commune à toutes les plantes, ou un privilége réservé seulement à quelques espèces. Ce fut comme une légende dont le sens voilé ne mit pas plus la vérité palpable sous les

(1) Brundusii latè longis viret ardua terris
Arbor, Idumæis usque petita locis;
Altera Hidruntinis in saltibus æmula palma ;
Illa virum referens, hæc muliebre decus.
Non uno crevêre solo, distantibus agris ,
Nulla loci facies, nec socialis amor.
Permansit sine prole diù, sine fructibus arbor
Utraque, frondosis et sine fruge comis.
Ast postquam patulos fuderunt brachia ramos,
Cœpêre et cœlo liberiore frui.
Frondosique apices se complexêre, virique
Illa sui vultus, conjugis ille suæ,
Hausêre et blandum venis sitientibus ignem,
Optatos fœtus sponte tulêre suâ :
Ornârunt ramos gemmis, mirabile dictu,
Implevêre suos melle liquente favos.

yeux que, par allusion aussi aux amours des Palmiers, ne l'avait fait la mythologie dans son ingénieuse fiction de Zéphyre et de Flore.

La science ne commença qu'un siècle plus tard à se préoccuper de la théorie du sexe chez les végétaux. On en trouve les premières traces dans les écrits de Césalpin (1) et de Patrizio (2), en 1583, de Zaluziansky (3), en 1604. Ces auteurs, malgré l'insuffisance de leurs observations et les inexactitudes qui s'y mêlent, n'en avaient pas moins entrevu que, parmi les plantes qu'on avait cru jusque-là pouvoir se passer du concours des mâles pour se reproduire, il y en avait certaines dont les fleurs étaient hermaphrodites, d'autres androgynes, d'autres dont les sexes étaient séparés sur des individus distincts. Mais cette manière de voir, restreinte et confuse encore comme toutes les vérités dont l'heure n'est point venue, restèrent oubliées pendant plus de quatre-vingts ans dans les œuvres des botanistes que je viens de nommer, et ne furent appelées à un sérieux examen que lorsque Millington (4), en 1676, Grew (5), en 1682, Camerarius (6), en 1694, J. Ray (7), dans la même année, J. H. Burckardt (8), en 1702, Moreland (9), en

(1) *De plantis;* Florentiæ, 1583.

(2) *Discuss. peripat.;* Vol. II, L. 5.

(3) *Methodi rei herbariæ;* Nuremberg, 1604, p. 24.

(4) Millington *in* J. Logan. *Exper. et meletemata de plant. generat.;* Lugduni-Batavorum, 1739, p. 5.

(5) *Anatomy of Plants;* London, 1682. Pars. II, Chap. V. p. 171.

(6) *De sexu platarum epistola;* Tubinge, 1694.

(7) *Stirp. europ. extra Britannias nascentium sylloge;* Londres, 1696.

(8) *Epist. ad Leibnitzium de caract. plant. naturali.;* Helmstadt, 1702.

(9) *Transact. Philosoph.;* Londres, 1703 n° 287.

1703, C. J. Geoffroy (1), en 1711, en firent un sujet habituel de controverse parmi les naturalistes. Elles prévalurent définitivement, le 10 juin 1717, dans le célèbre discours prononcé par Sébastien Vaillant à l'ouverture du Jardin royal de Paris.

Dans ce discours, en effet, il ne s'agit plus d'observations isolées, ni de théories contestables; c'est un ensemble de faits bien définis, qu'en son langage pittoresque le hardi démonstrateur des plantes du Jardin royal élève jusqu'à la hauteur d'une généralisation. Les fleurs ne sont plus pour lui, comme le croyait le vulgaire dans son admiration frivole, une vaine parure de la création, ni les parties les plus viles et les plus abjectes des plantes, comme le pensait l'auteur des *Institutions botaniques* dans sa savante erreur (2), mais les organes les plus essentiels de ces plantes, puisqu'elles servent à la reproduction des espèces, et en constituent les différents sexes (3).

(1) *Observat. super struct. et usu præcip. florum partium;* Paris, Mém. de l'Acad. R. des Sciences, pour 1711, p. 210.

(2) Tournefort, *Institutiones rei herbariæ;* Paris, 1700.

(3) Je donne ici quelques passages du discours de Vaillant, afin de montrer quel était l'esprit de son temps, et quels efforts il a dû faire pour en vaincre les préjugés : « Messieurs, dit-il, en commençant, comme entre les parties qui ca« ractérisent les plantes, celles qu'on appelle fleurs, sont, sans contredit, des « plus essentielles, il est à propos de vous en entretenir d'abord; d'autant plus « que tous les botanistes ne nous en ont donné que des idées assez confuses.

« Peut-être que le langage dont je me servirai à ce sujet, semblera un peu « nouveau en botanique ; mais comme il sera rempli de termes tout à fait con« venables à l'usage des parties que j'ai à exposer, je crois qu'on l'entendra « beaucoup mieux que l'ancien, lequel étant farci de mots impropres et équi« voques, plus propres à embrouiller la matière qu'à l'éclaircir, jettent dans « l'erreur ceux dont l'imagination encore offusquée, n'a aucune bonne notion « des véritables fonctions de la plupart de ces mêmes parties.

« Les *fleurs*, absolument parlant, ne devraient être prises que pour les or-

Au centre de ces organes, ou plutôt de ces appareils de la génération ainsi rendus à leur véritable office, les étamines, par une judicieuse comparaison avec les animaux, prennent le nom de testicules, les pistils celui d'ovaires, et, autour de ces testicules et de ces ovaires, les pétales et les corolles ne forment plus que d'élégantes enveloppes protectrices, et comme le lit nuptial où doit s'accomplir le mystère dévoilé.

« ganes qui constituent les différents sexes des plantes, puisqu'on trouve quel« quefois ces organes nus comme dans la *Typhe* ou *Masse d'eau*, etc., etc...; et « que les tuniques ou pétales qui les environnent immédiatement dans les plan« tes où ils se manifestent, ne sont destinées qu'à les couvrir ou à les défendre. « Mais comme ces tuniques sont ordinairement ce qu'il y a de plus beau et de « plus apparent dans le composé auquel on a donné le nom de *fleur*, et que « c'est là que se borne la curiosité, l'amour et l'admiration de presque tout le « genre humain, qui ne fait presque nulle attention au reste dont il ignore le « nom et l'usage, ce sont ces tuniques que, par préciput, j'appellerai *fleurs*, « de quelque structure et de quelque couleur qu'elles puissent être, soit qu'elles « entourent les organes des deux sexes réunis, soit qu'elles ne contiennent « que ceux de l'un ou de l'autre, ou seulement quelques parties dépendantes « de l'un des deux, pourvu toutefois que la figure de ces tuniques ne soit pas la « même que celle des feuilles de la plante, supposé qu'elle en porte.

« Sur ce principe, je nomme *fleurs nues* ou *fausses fleurs*, ou si l'on veut « *fleurs effleurées*, les organes de la génération qui sont dénués de pétales, et « *vraies fleurs*, ceux qui en sont revêtus.

« L'on voit par ce premier début, que je sape entièrement les *fleurs à éta*« *mines*, ou ces captieuses fleurs sans fleur, race maudite, qui semble « n'avoir été créée ou inventée que pour en imposer aux plus habiles.....

« Si celui de tous les auteurs qui a le plus donné dans le fleurisme, s'y était « pris de la sorte, il n'aurait pas avancé qu'il *est bien difficile de déterminer* « *en plusieurs rencontres ce qu'il faut appeler les feuilles* (ou pour éviter « l'ambiguïté, les pétales) de la fleur, et ce qu'il faut nommer le calice de la « même fleur. Il n'aurait pas si souvent pris celui-ci pour celle-là, et encore « plus souvent celle-là pour celui-ci.

« De la manière que je viens de définir la *vraie fleur*, on entend bien qu'elle

Si, comme chez les plantes hermaphrodites, les attributs des deux sexes sont renfermés dans un même calice, les fleurs n'ayant alors besoin, pour être fécondées, d'aucun secours extérieur, restent en bouton pendant toute la durée de la fonction génératrice, et n'épanouissent complètement leurs feuilles éphémères qu'après la consommation du mariage.

« doit être épanouie ; car lorsquelle n'est encore qu'en bouton, non-seulement « ses tuniques entourent immédiatement les organes de la génération, mais « aussi elles les cachent si exactement qu'en cet état on la peut regarder comme « le lit nuptial, puisque ce n'est ordinairement qu'après qu'ils ont consommé « leur mariage, qu'elle leur permet de se montrer ; ou si elle s'entr'ouvre quelque « peu pendant qu'ils en sont aux prises, elle ne s'épanouit très-parfaitement « que lorsqu'ils se sont quittés. Le contraire arrive aux fleurs qui ne contiennent « qu'un sexe, et la raison en est évidente. Mais s'il arrive que sur un pied de « plante, il se rencontre des fleurs qui n'entourent que des organes féminins, « et d'autres où se trouvent les deux sexes, la tension ou le gonflement des « organes masculins de celle-ci se fait si subitement, que les lobes du bouton, « cédant à leur impétuosité, s'écartent çà et là avec une célérité surpre- « nante. Dans cet instant, ces fougueux qui semblent ne chercher qu'à sa- « tisfaire leurs violents transports, ne se sentent pas plutôt libres, que fai- « sant brusquement une décharge générale, un tourbillon de poussière qui se « répand, porte partout la fécondité ; et, par une étrange catastrophe, ils se « trouvent tellement épuisés, que dans le même instant qu'ils donnent la vie, « ils se procurent une mort soudaine.

« Ce n'est pas encore là que se termine la scène. A peine ce jeu a-t-il cessé, « que les lèvres ou lobes de la fleur se rapprochant l'un de l'autre, avec la « même vitesse qu'ils s'en étaient écartés, lui font reprendre sa première « forme ; et l'on aurait peine à comprendre, si on ne l'avait vu, qu'elle eût « souffert la moindre violence, ou si l'on n'en voyait encore des marques cer- « taines par les chétives carcasses de ces vaillants champions qui la lui ont « faite, et qui restent quelque temps arborées sur son faîte, où, comme autant « de girouettes, elles servent de jouets aux zéphirs.

« Toute cette mécanique se peut aisément remarquer sur la *Pariétaire*, à « l'heure du berger, c'est-à-dire le matin, temps où les différents sexes des « plantes prennent ordinairement leurs ébats. Et si ces fleurs ne voulaient pas

Si, comme chez les plantes androgynes ou chez les plantes dioïques, chaque fleur ne porte qu'un seul sexe, et que le sexe mâle se trouve séparé du sexe femelle, soit sur une même branche, soit sur une branche voisine, ou, ce qui revient au même, sur les branches d'individus distincts, ces fleurs ouvrent toutes au début leur calice, les unes pour

« agir de gré pendant qu'on les observe, on peut les y forcer en les aiguillon-« nant doucement avec la pointe d'une épingle ; car pour le peu qu'on en sou-« lève un des lobes quand elles ont pour ainsi dire l'âge compétent, les hampes « ou filets des étamines, d'arqués ou cambrés qu'ils sont, venant à se dresser « comme par un effort violent, on découvre aussitôt ce qui se passe de par-« ticulier dans cette espèce d'exercice amoureux.

« Il s'en faut bien que les étamines des plantes qui ne portent que des fleurs « où les deux sexes sont réunis, n'agissent avec tant de précipitation et de vi-« gueur. Dans le plus grand nombre, leur action est presque insensible ; mais « il est à présumer que plus elle est lente, plus longue est la durée de leurs in-« nocents plaisirs. Ce n'est pas qu'on n'en voie qui, sur certaines plantes, tant « que la fleur subsiste, donnent encore, au moindre attouchement, des signes « de vie bien marqués. Telles sont, par exemple, les étamines du figuier « d'Inde, celles d'*Hélianthemum*, etc.

« Les organes qui constituent les différents sexes des plantes, sont deux « principaux : savoir, les *étamines* et les *ovaires*.

« Les étamines, que j'appelle *organes masculins*, et que le célèbre auteur « des *Institutions de Botanique*, regarde comme les parties les plus viles et les « plus abjectes dans les végétaux, quoiqu'elles soient véritablement les plus « nobles, puisqu'elles répondent à celles qui, dans les mâles des animaux, ser-« vent à la multiplication des espèces.... Ces *testes*, qu'à juste titre on peut « appeler *testicules*, non-seulement parce qu'elles en ont souvent la figure, « mais aussi parce qu'en effet elles en font l'office, sont, dans toutes les plantes « complètes, de doubles cartouches ou des capsules membraneuses, qui essen-« tiellement ont deux loges pleines de poussière, dont les granules prennent « ordinairement dans chaque espèce de plante une forme déterminée, comme « l'ont observé Grew, Malpighi et Tournefort. » (S. Vaillant, *Disc. sur la struct. des fleurs*, etc.; prononcé le 10 juin 1717. Leide, 1718, p. 2 et suiv.).

répandre, les autres pour recevoir les tourbillons de matière fécondante qu'entraîne le vent, ou que l'insecte ailé leur apporte, conduit par l'attrait du nectar qu'elles renferment dans leur sein.

Ces précieuses découvertes, dont le génie de Linné, par une de ces puissantes généralisations qui marquent un âge de la science, devait faire bientôt l'un des fondements de la botanique, livrèrent à l'observation tout un monde nouveau de merveilles, où éclate à chaque pas la sage économie de la nature pour assurer le contact des deux substances dans l'acte de la génération, soit au moyen des plus ingénieux mécanismes, soit par l'entremise des animaux eux-mêmes, dont elle met l'industrie au service de son œuvre, en attendant que l'intelligence de l'homme intervienne, et, par une pratique rationnelle des fécondations artificielles dans les deux règnes, dirige à son gré et à son profit les lois de la vie, comme elle a réussi à diriger celles de l'ordre physique.

Les remarquables mouvements dont jouissent les organes sexuels de la plupart des plantes hermaphrodites au moment où s'exerce leur fonction génératrice, sont l'une des prédispositions organiques les plus efficaces pour réaliser le contact des deux substances : ils permettent aux étamines, c'est-à-dire aux testicules, de se pencher vers le stigmate et de déposer sur lui la poussière fécondante que la maturité détache de leur surface, surtout si, à l'heure de ce rapprochement instinctif, un Insecte, agitant vivement ses ailes pour dégager sa trompe du fond du calice où il l'avait plongée afin d'en extraire le miel, ébranle ces étamines comme l'arbre que l'on secoue pour en faire tomber les fruits. Cette poussière arrive d'autant plus sûrement à sa destination que, par une admirable prévoyance et pour que rien n'entrave la marche du phénomène, les organes à féconder, dans la catégorie dont il s'agit, se trouvent le plus souvent placés au-dessous des organes fécondants, quelle que soit l'attitude naturelle des fleurs. C'est pour cela que, dans celles qui s'inclinent vers la terre, l'organe destiné à recueillir le pollen pend à l'extrémité d'un pédicule plus long que ceux auxquels sont attachés les testicules ; tandis que, sur celles qui regardent le ciel, ce sont les testicules qui couronnent le sommet des plus longs pédicules : en sorte que, dans l'un et l'autre cas, les organes mâles dominant les organes femelles, la poussière séminale des premiers descend nécessairement sur le stigmate des derniers, par le seul fait de sa pesanteur spécifique.

Chez les plantes androgynes et chez les plantes dioïques, dont la fécondation offre moins de chance de succès à cause de la séparation des sexes, tout n'y a pas moins été calculé pour assurer le contact des deux substances, quoique le but y soit atteint par des procédés bien différents. Leurs testicules ou étamines, perchés au sommet de tiges élancées hors des calices, comme des girouettes agitées par le vent, exhalent une poussière séminale plus abondante et plus légère (1) qui,

(1) C'est sans doute pour faire acquérir au pollen cette légèreté si favorable au succès des opérations, que les Arabes, instruits par l'expérience des siècles, laissent sécher pendant un certain temps les paquets d'étamines dont ils se servent pour la fécondation de leurs Palmiers femelles.

M. Ludwig, qui a été témoin de leurs pratiques dans les régences d'Alger et de Tunis, où il a séjourné pendant quelque temps, dit « que les habitants « de l'Afrique n'emploient presque jamais les petits paquets d'étamines de

répandue dans les airs, comme en un océan où ses molécules restent en suspension, va, à travers l'espace, et à la faveur de cet invisible véhicule, se déposer sur les ovaires qu'elle féconde. Mais la sage économie de la nature n'a pas borné là ses prévisions : elle a trouvé dans les Insectes de perpétuels coadjuteurs de ses desseins, charriant au loin cette semence, dont les grains s'attachent à leurs corps, et travaillant éternellement à renouveller l'œuvre de la création par l'opération artificielle qu'ils pratiquent. Sans le concours de ces ouvriers infatigables, que l'attrait du butin tient en permanente activité, certaines plantes, à cause des obstacles que la structure de leurs fleurs met au passage de la semence, auraient été le plus souvent vouées à la stérilité. Les ressources manquant du côté de ces plantes, une intervention étrangère devenait indispensable. Les animaux furent les instruments de cette intervention, et, en leur confiant la charge de pourvoir à la multiplication des espèces d'un règne différent de celui auquel ils appartiennent, la Providence plaça sous les yeux de l'homme le spectacle d'une industrie, dont l'imitation devait lui ouvrir un jour l'une des voies par où s'étendrait son empire.

Aussi, dès qu'il eut compris toute la portée de cet enseignement et le bénéfice qu'il pouvait tirer de cet exemple, l'heure des expériences de précision arriva, et les laboratoires de la science devinrent le théâtre de toutes les explorations qui pouvaient lui permettre de parcourir ce nouvel

« Palmier mâle tout frais, pour procurer la fécondation des femelles, mais « qu'ils ont coutume d'en prendre de secs et qui ont été gardés pendant quel- « que temps» (Ludwig, *in* Gleditsch, *Mém. de l'Acad. roy. des sc. et belles-lettres de Berlin;* 1749, T. V, p. 106.

horizon, de pénétrer la nature intime du phénomène, et de déduire de cette connaissance des résultats pratiques.

La première de ces entreprises fut exécutée à Berlin, vers le milieu du XVIIIe siècle, dans les serres du Jardin des plantes, où, condamné depuis plus de quatre-vingts ans à un célibat forcé, fleurissait en vain chaque année un Palmier femelle, sous les voûtes de son hermétique prison. Gleditsch, pour mettre un terme à la stérilité de cet arbre solitaire, eut l'heureuse pensée de faire venir de Leipsick une certaine quantité de pollen d'un individu mâle de la même espèce, qui y fleurissait aussi, tous les ans, dans des conditions analogues. Il poudra, avec cette poussière desséchée par un voyage de neuf jours, les ovaires du Palmier de Berlin, et, à la suite de cette inoculation, l'arbre contaminé fournit ses premiers fruits. Mise en terre, la graine de ces fruits germa, et donna une descendance à cette lignée désormais célèbrer dont il reste encore des représentants (1).

(1) Gleditsch rend compte de son expérience de la manière suivante :

« Notre Palmier de Berlin, qui a peut-être plus de quatre-vingts ans, est un « véritable Palmier femelle, et sûrement le plus grand de ceux de son espèce « qui se trouvent aujourd'hui dans les jardins de l'Allemagne. Suivant le témoi- « gnage d'un homme dont le nom est illustre, et qui est dans sa soixante- « sixième année, ce Palmier était autrefois dans le Jardin royal de Berlin, dans « une parfaite stérilité, et il se souvient l'y avoir vu dès sa plus tendre jeu- « nesse.

« Au rapport du jardinier, cet arbre n'a jamais porté de fruits dans le Jardin « botanique ; et pour moi, depuis quinze ans, je n'ai jamais remarqué parmi « les fleurs qui tombent tous les ans de ce Palmier aucun fruit parfait ; encore « moins ai-je pu en observer aucun qui renfermât une semence féconde... J'ai « été occupé depuis longtemps de l'idée de féconder cet arbre femelle, pour « lequel il ne se rencontre aucun mâle dans les jardins de Berlin. Mais il y en

Ce que les Insectes exécutent tous les jours sous nos yeux pour la fécondation artificielle de diverses espèces de plantes;

« a un vivant à Leipsick, et qui fleurit tous les ans dans le jardin de Cas- « pard Bose.

« Il ne m'a pas été difficile d'obtenir des botanistes de Leipsick des fleurs de « ce Palmier mâle, et j'en reçus au printemps de 1749 dans des jours qui étaient « déjà fort chauds. L'ardeur du soleil avait tout-à-fait flétri et gâté les paquets « d'étamines, et la plus grande partie de la poussière des anthères était sortie « des vésicules séminales. Je ramassai dans une petite cuillère une partie de « cette poussière qui s'était répandue en chemin sur le papier dont la boîte « était garnie intérieurement.

« Si je m'étais arrêté à l'idée des physiciens modernes, j'aurais dû perdre toute « espérance de fécondation, puisqu'il y avait déjà neuf jours que la poussière « des anthères était hors des vésicules... Je n'y cherchai point d'autre façon que « de jeter tout simplement avec la main cette partie de la poussière des anthères, « qui avait été pendant neuf jours hors des vésicules séminales, adhérente au « papier; de la jeter, dis-je, et la répandre sur les fleurs du Palmier femelle.

« Cette aspersion de poussière fécondante étant ainsi faite, la fécondation « eût le succès auquel je m'étais attendu; les utricules de la végétation s'enflè- « rent en grand nombre, et se remplirent d'une semence féconde, propre à « une propagation ultérieure; ils devinrent de véritables œufs.

« Ces petits œufs, ou semences, mûrirent dans les fruits l'hiver dernier, et « ayant été mis en terre à l'entrée du printemps de 1750, il en est né des « plantes conformes à leur origine, c'est-à-dire de petits Palmiers, qui témoi- « gnent d'une manière incontestable que la fécondation végétale a été pleine- « ment accomplie, ce que je ne fais point difficulté de montrer à quiconque « veut s'en convaincre par ses yeux.

« Un nouvel essai fort simple et tout à fait semblable au précédent, au sujet « de la génération des Palmiers, m'a pareillement réussi à souhait l'année der- « nière. Un paquet de fleurs mâles de Leipsick a produit une géniture tout « à fait active et vigoureuse. Ses molécules ont promptement pénétré les stig- « mates de notre Palmier femelle, et ont eu l'efficacité de féconder une grande « quantité de fruits ou Dattes, dont j'ai présenté les grappes à l'Académie pour « les soumettre à son examen» (*Mém. de l'Acad. roy. des sc. et belles-lettres de Berlin ;* 1749, T. V, p. 105).

ce que Gleditsch effectua avec un plein succès en transformant l'empirisme des anciens peuples en une expérience de précision, un habile naturaliste hanovrien, Jacobi, le pratiquait depuis près de trente ans, en silence, sur certains animaux aquatiques, en imitant dans un récipient ce qui se passe dans la nature (1). On savait, en effet, de son temps,

(1) Voici en quels termes Jacobi raconte sa découverte dans sa lettre adressée, en 1763, à l'éditeur du Journal de Hanovre (*Hanover Magazin*), sur la fécondation artificielle des œufs de Saumon et de Truite; lettre dont j'ai donné la traduction à la fin de la première édition de mes *Instructions pratiques de pisciculture*; p. 130, 133 et suiv.

« Je regarde comme un devoir pour moi de donner au public mes obser- « vations sur la fécondation des Truites et des Saumons, ainsi que sur d'autres « sujets. Il serait inutile, et ce n'est point à présent mon but, de mentionner ici « chacune des expériences insignifiantes que j'ai faites pendant les *seize « années qui ont immédiatement précédé ma découverte*; *et peut-être serai- « je amené à donner un compte rendu plus détaillé de mes recherches à « cet égard pour les vingt-quatre années suivantes*, relativement à la multipli- « cation artificielle des Truites et des Saumons ... Les Truites se réunissent dans « les ruisseaux en grand nombre, à l'époque ci-dessus indiquée (novembre), « et celles qui sont prêtes à frayer se fixent près du gros gravier où le courant est « fort. Là, elles secouent et grattent leur ventre contre le fond pierreux, et si « violemment, qu'elles font souvent de grandes traces. La femelle et le mâle « se débarrassent par ce mouvement, l'un de son frai, l'autre de ses œufs.

« Comme une simple émission de sperme renferme une grande quantité d'a- « nimalcules pour féconder des centaines d'œufs, et comme, par le fait de cette « émission, l'eau est remplie de ces animalcules, il n'y a rien d'étonnant que « chaque œuf devienne un poisson.

« Pour féconder de jeunes Truites suivant cette invention, il faut avoir des « Truites pêchées dans les ruisseaux en décembre et janvier, quand elles se « rassemblent pour frayer. Si, après avoir pressé leur ventre avec les doigts, ils « s'en échappe du sperme ou du frai, ces deux éléments sont mûrs. On doit « mettre les Truites dans un grand seau ou une cuve à cet usage.

« Prenez alors un grand vase de bois, de terre ou de cuivre, versez-y une pinte

que les Truites et les Saumons, quand vient l'époque de la ponte, remontent les fleuves et les ruisseaux où une eau limpide coule sur un fond de gravier, y choisissent une place où ils s'arrêtent, écartent les pierres avec leur tête et leur queue, les rangent de manière à former des espèces de digues qui puissent faire obstacle à la rapidité du courant et dans les intervalles desquelles leur progéniture se trouve à l'abri. C'est là que la femelle dépose ses œufs, en frottant son ventre sur le sol afin d'en faciliter l'expulsion. On savait encore que, au moment où cette femelle venait de pondre, le mâle, en se frottant comme elle le ventre contre les cailloux, versait sa laitance sur les œufs, et que cette laitance, entraînée par le liquide qui lui sert de véhicule, passait sur eux comme un nuage, les imprégnait de molécules fécondantes, et se dissipait après avoir troublé un moment la transparence de l'eau.

L'observation directe avait donc déjà appris que, chez ces espèces, le contact de l'œuf et de la semence était un phé-

« ou davantage d'eau claire ; prenez dans votre seau poisson par poisson, pres-
« sez-le avec la main de haut en bas jusqu'à ce que le frai s'en échappe dans
« le vase. Vous n'avez pas à craindre le choc, car ces œufs peuvent, sans
« danger, supporter une grande pression. Ensuite, frottez le ventre de la Truite
« mâle de la même façon, jusqu'à ce qu'il s'échappe dans l'eau de la laitance (un
« peu suffit). Agitez ensuite le tout avec la main, pour opérer le mélange et pour
« que tous les œufs ou tout le frai soient fécondés. Introduisez alors un peu plus
« d'eau claire pour opérer leur séparation ; car, lorsque les œufs ont été impré-
« gnés de sperme, ils s'accolent volontiers les uns aux autres, ce qui finit par
« leur nuire ; il est donc nécessaire d'étendre leur véhicule et de les arroser
« dans l'auge où ils ont été fécondés

. . . .

« Toutes les observations faites sur la Truite s'appliquent en tous points au
« Saumon. »

nomène externe, réalisé entre deux produits préalablement expulsés des organismes des parents, et se combinant en dehors de ces organismes.

De cette observation à l'idée que ce qui se passe normalement dans la nature pourrait être artificiellement imité dans un laboratoire, il n'y avait qu'un pas, et c'est là ce que comprit, avec une admirable sagacité, le naturaliste hanovrien, dans la réalisation de son audacieuse entreprise.

En conséquence, après avoir versé une pinte d'eau bien claire dans un vase, il saisit une femelle dont les œufs étaient à maturité, et les exprima, par une légère pression, dans ce récipient : il prit ensuite un mâle, en fit couler suffisamment de laitance pour blanchir l'eau, et ces œufs, auxquels sa main donnait la vie, se développèrent avec autant de régularité que si ce mâle en eût volontairement opéré la fécondation.

Ces miracles de la science ne mirent pas seulement aux mains de l'industrie une méthode artificielle pour la multiplication indéfinie d'un grand nombre d'espèces utiles à l'homme, pour l'amélioration systématique des races par le croisement, pour la production forcée des neutres; ils créèrent pour la physiologie un instrument nouveau d'investigation, qui lui permettra successivement de rendre visible le contact des deux substances dans l'acte de la génération des corps organisés; de suivre pas à pas l'influence matérielle de ce contact; de déterminer avec précision si cette influence se borne à la simple transmission d'un *aura seminalis, d'un esprit volatil*, comme le soutenait Vaillant contre l'école de Leeuwenhoeck, ou si, au-delà de ce contact, il n'y a pas mélange, c'est-à-dire une véritable et réciproque imprégnation. Ce fut, en effet, vers la solution de ces importants problèmes que, à partir de ce moment, se dirigèrent tous les efforts des naturalistes témoins de cette nouveauté, la plus étonnante peut-être depuis la création du monde, comme le dit l'éloquent auteur des *Contemplations de la nature*.

Comme les physiciens et les chimistes qui étudient la matière brute et les réactions des éléments dont elle se compose, ces naturalistes se trouvèrent désormais, grâce à ces merveilleuses découvertes, en mesure de séparer à volonté, dans les récipients de leurs laboratoires, les diverses parties de la semence, de les appliquer isolément l'une après l'autre sur les œufs, et de s'assurer, par voie expérimentale, si l'une d'elles n'était pas exclusivement investie d'un privilége dont les autres ne seraient qu'un moyen accessoire de transmission, ou si elles ne se confondraient pas toutes dans le même acte et dans la même œuvre.

L'expérience décida en faveur du privilége exclusif d'un seul des éléments de la semence. Elle désigna, pour le règne animal, les spermatozoïdes, qui forment la partie solide de cette semence; pour le règne végétal, les granules moléculaires dont les grains de pollen sont le réceptacle, et, chez certaines espèces, les corpuscules ciliés et mobiles (anthérosidies), qui, comme le pollen, sont un produit des organes mâles des plantes, au même titre que les spermatozoïdes sont un produit des testicules.

Cette première démonstration simplifia singulièrement le problème. Elle le réduisit à la recherche des moyens à l'aide desquels, dans la nature, cet élément prédestiné de la semence était mis au contact du germe, et sous quelle forme il en pénétrait la substance. Il fallut donc, par des manipulations habilement conduites, déterminer d'abord quel était cet élément essentiel. C'est dans ce but que Spallanzani, quatre ou cinq ans après que Jacobi eut publié sa découverte, institua une remarquable série d'expériences sur la fécondation artificielle des Batraciens; expériences qu'il osa étendre jusqu'aux Mammifères eux-mêmes, et dont il eût probablement déduit des conséquences plus heureuses encore, s'il avait été moins sous l'empire de l'erreur de Haller sur la préexistence du fœtus dans l'œuf avant la conception. Cette erreur ne lui permit pas de concevoir qu'il pût y avoir mélange de deux substances pour la formation de l'être nouveau, puisque, d'après son illustre maître, et suivant ses observations particulières chez les Grenouilles et les Salamandres, cet être était déjà organisé de toutes pièces dans l'œuf ovarien (1).

(1) Voici comment Spallanzani cherche à démontrer la préexistence du germe dans l'œuf ovarien avant la fécondation :

« Le premier et le second mémoires de ce volume remplissent, jusqu'à un « certain point, la promesse que j'avais faite dans l'esquisse sur les reproduc- « tions animales que je publiais à Modène en 1768, où j'annonçais ma décou- « verte de la préexistence du fœtus à la fécondation dans une espèce de Gre- « nouille... J'ai pu observer, dans ce but, plusieurs autres animaux qui m'ont « fourni les mêmes résultats, et qui m'ont fait présumer avec plus de fonde- « ment, que la préexistence des fœtus à la fécondation, dans les femelles, était « une des lois les plus générales de la nature (*Expér. pour servir à l'hist. de la « générat.*; trad. franç. par Senebier; Genève, 1785, page 1).

« Mais ces petits globes (les œufs), qui ne sont que des fœtus de la Grenouille, « effets de la fécondation, étaient-ils quelque chose un moment avant d'être fé- « condés, lorsqu'ils étaient renfermés dans le sein de leur mère? Cette question « était trop importante pour la laisser sans l'examen que les expériences pour- « raient en faire. Les faits les plus rigoureux, les comparaisons le plus minutieu- « sement exactes, montrent non-seulement l'identité la plus parfaite entre la na- « ture et la grandeur des sphères visqueuses; entre les deux membranes, soit pour « leur texture, soit pour leur position, leur figure et leur couleur; mais encore ces

A ce point de vue, tout ce que pouvait faire la fécondation, c'était, si l'on peut ainsi dire, d'inoculer la liqueur séminale

« petits globes, non fécondés, ne peuvent être, en aucune manière, distingués de « ceux qui ont éprouvé les effets de la fécondation. Lorsqu'on a enlevé les uns et « les autres à leurs sphères mucilagineuses, et à la double membrane qui les en-« veloppe, ils se trouvent également tachés de noir et de blanc, et cette double « couleur se conserve encore lorsque le têtard se fait remarquer. Mais ce qu'il y a « de plus frappant, c'est la parfaite ressemblance de leurs parties tant exté-« rieures qu'intérieures. Si l'on perce avec une aiguille ces petits globes avant « et après la fécondation, il sort par le trou une substance à demi fluide, d'une « couleur blanche tirant sur le jaune, mais un peu visqueuse ; en faisant l'ou-« verture plus grande, il paraît que la capacité intérieure du petit globe est en-« tièrement remplie de cette matière, qui perd peu à peu sa fluidité, seulement « lorsque le têtard se développe.... Après l'examen des parties internes, si « l'on étudie les externes ou l'enveloppe avant la fécondation, elle paraît « une petite peau transparente et subtile, qui se conserve après la fécondation, « qui forme la vraie peau du têtard et qui croît en étendue et en épaisseur à « mesure qu'il se développe, de même que la peau des fœtus des autres « animaux. Mais, comme cette enveloppe est attachée à la partie intérieure « des petits globes (des œufs) non fécondés, ... on la trouve de même dans les « petits globes fécondés, et l'adhésion croît d'autant plus que les petits globes « perdent la figure orbiculaire pour prendre celle des têtards.

« Ces faits prouvent donc avec la plus grande évidence qu'il y a une identité « complète entre les petits globes fécondés et ceux qui ne le sont pas ; mais les « petits globes fécondés sont des fœtus de Grenouilles. Donc les petits globes non « fécondés en seront aussi ; et par conséquent, dans notre Grenouille, le fœtus « existe dans son sein avant la fécondation. Cette vérité capitale nous fait re-« marquer encore quelques conséquences également importantes : 1° Que ces « œufs prétendus, avant de tomber dans les canaux des œufs, existaient dans « les ovaires, et y existaient longtemps avant la fécondation ; par conséquent, « les fœtus de Grenouille existent dans le sein de leur mère longtemps avant « qu'ils soient fécondés ; 2° Quoique ces fœtus ne se développent jamais, ni si vite, « ni d'une quantité aussi grande avant la fécondation qu'après, cependant, ce « développement est sensible, puisque les fœtus de Grenouilles descendus dans « l'utérus, sont au moins soixante fois plus gros que lorsqu'ils étaient, une année

à cet organisme préexistant, comme on inocule du vaccin à un enfant qui en absorbe le virus, sans que ce virus ait pu contribuer en rien à la création de ses organes. Cette inoculation ne se bornerait, par conséquent, dans cette hypothèse, qu'à donner l'impulsion à des rouages déjà engrenés, comme l'oscillation du balancier qui met en mouvement tout le mécanisme d'une horloge. Telle fut, en effet, l'idée à laquelle Spallanzani s'arrêta, lorsqu'il supposa, à l'exemple de Haller et de Bonnet, que la semence du mâle pénétrait dans le fœtus, arrivait au cœur, le touchait, irritait doucement ses cavités, les stimulait à battre plus fréquemment et plus fort, et animait ainsi toute la petite machine animale (1). Mais une pareille erreur n'ôte rien à l'importance des ingénieuses investigations de l'éminent physiologiste qui ouvrit à la science une voie nouvelle de découvertes.

« auparavant, adhérents à l'ovaire, comme je l'ai observé. 3° Enfin, les fœtus « seuls ne préexistent pas à la fécondation, mais encore l'amnios et le cordon « ombilical » (même ouvrage, page 17 et suiv.).

(1) Spallanzani, *Expér. pour servir à l'hist. de la générat.*; trad. franç. par Senebier. Genève, 1785, p. 197.

CHAPITRE II.

—

DE L'ÉLÉMENT FÉCONDANT DE LA SEMENCE.

—

LA FÉCONDATION EST-ELLE UN EFFET DE LA VAPEUR SPERMATIQUE, D'UN *AURA SEMINALIS* ?

Spallanzani, comme je viens de le dire, entreprit ses expériences sur les fécondations artificielles, de 1777 à 1780, cinq ans après la publication de l'étonnante découverte de Jacobi, dont il avait lu une analyse donnée par Gleditsch, en 1764, dans le vingtième volume de *Mémoires de l'Académie des sciences et belles-lettres de Berlin* (1). Il fut naturellement conduit à prendre les Grenouilles pour sujet de ces expériences, parce qu'il avait fait une étude approfondie de leur génération, et qu'il connaissait exactement toutes les conditions dans lesquelles, chez ces espèces, cette fonction s'accomplit. Ce physiologiste avait vu, en effet, en plaçant dans des vases sans eau un certain nombre de femelles accou-

(1) Spallanzani, *Expér. pour servir à l'hist. de la générat.*; trad. franç., par Senebier. Genève, 1785, pages 186, 187, 192, 193.

plées dont la ponte était imminente, que l'opération ne s'en accomplissait pas moins, quoique ces animaux fussent hors de leur élément. Les mâles dardèrent successivement des jets d'une liqueur transparente, qui se répandait sur les œufs à mesure que les femelles les expulsaient : ils suspendirent ensuite cette émission toutes les fois que ces femelles cessèrent de pondre, et se remirent à l'œuvre jusqu'à ce qu'elles fussent accouchées de toute leur progéniture, qu'ils fécondèrent ainsi tour à tour.

Après avoir été plusieurs fois le témoin de cette curieuse scène, il ne tarda pas à comprendre que ces espèces, dont la fécondation est externe, et qui pondent aussi bien dans un laboratoire qu'en pleine liberté, deviendraient les sujets faciles d'une expérimentation suivie, et se prêteraient aisément à toutes les manipulations exigées par cette expérimentation. Il résolut donc de s'en servir pour essayer de déterminer quel était celui des éléments de la semence auquel était réservé le privilége d'opérer la fécondation.

Parmi ces éléments, la vapeur spermatique ne pouvait manquer d'attirer son attention, d'abord parce qu'elle est une des données du problème, ensuite parce que, sur ce point, les naturalistes se partageaient en deux camps opposés : les uns soutenant, avec Leeuwenkoeck et Hartsoecker, que la portion grossière de la semence, pour me servir d'une expression usitée au temps de ces discussions physiologiques, en était l'élément fécondant; les autres prétendant, avec Harvey et Vaillant (1), que la partie subtile, immatérielle, l'*aura sper-*

(1) Voyez, pour l'opinion de Leeuwenhoeck, le 1er volume de cet ouvrage p. 400; pour l'opinion de Harvey, p. 356 et suivantes.

Quant à Vaillant, voici comment il s'exprime à ce sujet : « Ces trompes,

matica enfin, avait seule cette fonction. Il chercha donc un moyen de dégager cette partie volatile, afin de la faire agir séparément sur les œufs, et de s'assurer, par cet artifice, si elle suffirait seule à les féconder, ou s'il fallait le concours de la portion grossière.

Pour baigner abondamment les œufs de cette prétendue vapeur, objet de tant de controverses, mais dont aucun observateur n'avait jamais aperçu la trace, Spallanzani mit, dans un verre de montre, onze grains environ de la liqueur séminale de plusieurs Crapauds terrestres puants, pendant que, dans un autre verre semblable, mais un peu plus petit, il déposait vingt-six œufs à complète maturité, qui, par la viscosité de

« dis-je, que je compare à celles de Fallope, en ce qu'elles transmettent aux petits œufs, non par les grains de poussière mêmes qu'éjaculent sur elles, ou « dans leurs pavillons, les testicules ou *sommets*, comme le veut un sectateur « des visions de Leeuwenhoeck et d'Hartsoecker, mais seulement la vapeur, ou « l'esprit volatil qui, se dégageant des grains de poussière, va féconder les « œufs ; car, je crois, Messieurs, qu'on doit être persuadé que dans l'animal, ce « n'est ni la matière du mâle, ni ces prétendus vermisseaux ou animaux sé- « minaires qui opèrent dans la femelle l'œuvre de la fécondation, puisque le « même Malpighi, au rapport d'un anatomiste moderne, a reconnu que le *fœtus* « se trouve dans les œufs des Grenouilles et dans ceux des Poules avant la copu- « lation, comme il est certain que le germe se rencontre dans les semences « des plantes qui n'ont point été fécondées, et avec le parenchyme desquelles ce « germe ne fait qu'un continu. Donc, ce ne peut être que cet esprit volatil au- « quel la matière grossière sert simplement de véhicule. Or, la nature agissant « toujours par des lois uniformes, on doit conclure que ce qui se passe en cette « occasion chez les animaux, doit se passer de même dans les végétaux. Suivant « ce principe, il était fort inutile que ce zélé Leeuwenhoeckiste se fatigât tant « les yeux à chercher dans les trompes des plantes des conduits sensibles pour « charrier dans chaque œuf un germe imaginaire » (*Disc. sur la struct. des fleurs*, etc. ; prononcé le 10 juin 1717; Leide; 1718, p. 16).

leur albumen, s'attachèrent avec tenacité à la partie concave de ce verre. Puis il plaça le second verre dans le premier, où, au moyen d'un ciment, il l'établit comme une cloche hermétique, à la voûte de laquelle les œufs étaient suspendus à une ligne seulement au-dessus du liquide. Ce petit appareil resta ainsi, cinq heures durant, dans une chambre, dont la température était de 18 degrés, et y fut soigneusement visité après ce laps de temps. L'évaporation y avait déjà diminué la semence d'un grain et demi, et couvert les œufs d'un voile humide, mouillant le doigt quand on les touchait.

Ces œufs avaient donc reçu une grande quantité de vapeur, puisqu'il ne s'en était rien perdu à cause de l'emboîtement hermétique des cristaux, et cependant ils n'en restèrent pas moins stériles, quoique la dose de la substance volatilisée fût de beaucoup supérieure à celle qui aurait été nécessaire pour les féconder, si l'on eût employé la liqueur séminale en nature.

Après avoir exécuté cette première expérience, Spallanzani voulut la répéter de manière à obtenir une plus grande quantité de vapeur séminale, et à rendre, par conséquent, l'action de cette vapeur plus intense sur les œufs, pour le cas où, par hasard, cela serait nécessaire. Il y réussit au moyen du même appareil. Seulement, cette fois, il l'exposa au soleil sur une fenêtre, avec la précaution de tempérer l'ardeur de cet astre par l'interposition d'une lame de verre, qui empêchait que la température n'excédât 25 degrés et ne nuisît à la fécondation. Au bout de quatre heures de cette exposition, et sous l'influence de cette chaleur, les œufs furent tellement humectés par la vapeur qui s'exhala de la semence, qu'ils en étaient couverts de gouttelettes très apparentes, mais, comme dans le premier cas, il ne s'en développa aucun.

L'espace existant entre la liqueur séminale et les œufs était, comme je viens de le dire, d'une ligne environ dans les deux premières expériences. Spallanzani, voulant épuiser tous les moyens de contrôle, réduisit encore cette distance de moitié, afin que la vapeur, touchant les œufs au moment même de son dégagement, ne perdît rien de son énergie avant de les atteindre ; mais ce nouvel essai ne donna pas un meilleur résultat : les germes ne furent pas, pour cela, préservés de la stérilité (1).

La vapeur de la semence n'en est donc pas l'élément fécondant.

On pourrait objecter, il est vrai, que si, dans ces expériences, les particules subtiles, odorantes, spiritueuses, comme on disait alors, sont inhabiles à la fécondation, cela ne tient pas à un manque de vertu prolifique, mais à l'incapacité dans laquelle seraient tombés les œufs et la semence, par suite d'un séjour trop prolongé hors de l'eau qui doit être l'instrument de leur contact et de leur pénétration intime. Mais l'ingénieux physiologiste n'a pas même laissé place à un semblable soupçon. Il a pris, dans l'un de ses appareils, les œufs qui étaient restés pendant quatre heures attachés au verre supérieur, les a mis en rapport, dans le verre inférieur, avec le résidu de la liqueur séminale, dont une partie avait été vainement réduite en vapeur, et s'est assuré, par cette épreuve

(1) Spallanzani, *Expér. pour servir à l'hist. de la générat.*; trad. franç. par Senebier. Genève, 1785, p. 206 et suiv.

décisive, que ni les œufs, ni la semence n'avaient rien perdu de leur aptitude procréatrice (1).

Si donc cette aptitude résidait dans la vapeur de la semence, comme il est démontré qu'elle réside dans la portion réduite dont on a dégagé cette vapeur, le milieu artificiel au sein duquel le contact s'établissait, loin d'être un obstacle à la manifestation de cette aptitude, ne pouvait que contribuer à la favoriser; car l'espèce de *fumigation spermatique* à laquelle les œufs étaient soumis pendant l'expérience, entretenait autour d'eux une humidité qui les préservait de la dessiccation, en attendant leur très prochaine translation dans l'eau où devait se compléter l'imprégnation. Aussi, pour rendre cette humidité plus intense, et la démonstration plus péremptoire encore, Spallanzani recueillit plusieurs grains à la fois de liqueur séminale qu'il réduisit en vapeur, y plongea, pendant quelques minutes, une douzaine d'œufs qui restèrent inféconds; en toucha ensuite douze autres avec le reste de cette semence que l'évaporation avait réduite à un demi-grain, et, malgré cette réduction, ces derniers n'en donnèrent pas moins onze embryons (2).

Tout conspire donc pour exclure la vapeur spermatique d'une participation directe à la fécondation, car les opérations artificielles, entreprises pour s'en assurer, ont été exécutées dans les conditions les plus rapprochées de celles de l'état de nature. L'immersion seule a manqué au début de l'expérience, mais elle lui a succédé sans délai; en sorte que, si les

(1) Spallanzani, *Expér. pour servir à l'hist. de la générat.*; trad. franç. par Senebier. Genève, 1785, p. 209.

(2) Même ouvrage, p. 210.

particules amenées au contact des œufs par la vaporisation eussent été réellement douées de la faculté essentielle qu'on leur attribuait, ce court espace de temps n'aurait pas suffi pour la leur faire perdre.

La liqueur spermatique des Batraciens, en effet, comme si elle eût été prédestinée aux manipulations du laboratoire, conserve, pendant assez longtemps encore après son extraction, même à l'air libre, toute sa vertu prolifique, pourvu qu'on la mette à l'abri de la dessiccation complète et d'une trop forte chaleur. C'est ce que les recherches de Spallanzani sur la génération du Crapaud lui avaient clairement indiqué, lorsque les mâles de cette espèce arrosaient de leur laitance les longs chapelets d'œufs que les femelles expulsaient dans les vases privés d'eau où il les tenait prisonniers. Ces œufs, pour avoir subi le contact de cette laitance dans l'air, ne se transformaient pas moins en embryons, quand il les plongait ensuite dans l'eau, sans trop attendre.

Je me suis moi-même assuré de ce fait par des expériences plus décisives encore. J'ai arrosé, avec de la semence prise dans les vésicules séminales d'un mâle en amour, deux cents œufs de Grenouille que j'avais placés à sec au fond d'un vase, où je les tenais à l'abri de la dessiccation, au moyen d'une cloche. Ces œufs n'ont été mis à l'eau que douze heures après leur contact avec le fluide séminal ; cependant, malgré cette immersion tardive, il s'en est développé à peu près autant que dans les fécondations naturelles.

Dans une seconde expérience, j'ai conservé séparément, pendant vingt-quatre heures, des œufs dans un vase, de la laitance dans un tube ; puis, après ce laps de temps, j'ai mêlé ensemble ces œufs et cette laitance, que j'ai gardés une heure encore, à l'air libre, avant de les plonger dans l'eau. Ici les éclosions ont été beaucoup plus rares que dans le cas précédent, mais elles n'en ont pas moins donné huit Têtards, ce qui prouve combien le fluide séminal des Batraciens garde, longtemps encore après son extraction, le pouvoir fécondant.

Si la vapeur spermatique était réellement, comme on l'admettait jadis, l'essence de la matière séminale, il n'y aurait pas de raison pour que cette vapeur ne conservât son action au sein de l'atmosphère humide dont elle entoure les œufs, comme la partie grossière qu'elle laisse au fond du récipient, ou comme la semence composée qu'on ne soumet pas à l'évaporation.

L'air n'exerçant pas d'influence délétère quand on évite la dessiccation, Spallanzani craignit qu'on pût lui reprocher de n'en avoir pas assez introduit dans les petits appareils clos où il exposait les œufs à la vapeur de la semence, et de produire de la sorte une espèce d'asphyxie. Il répondit à cette objection préventive en opérant dans des vases ouverts; mais les œufs humectés par la vapeur périrent dans l'eau où il les mit ensuite; ceux qu'il toucha avec le résidu de la semence, après l'évaporation, se développèrent. Il n'eut, par conséquent, rien à changer à ses premières conclusions.

LA FÉCONDATION EST-ELLE UN EFFET DE LA PORTION AQUEUSE DE LA SEMENCE OU DES SPERMATOZOÏDES QUE CETTE SEMENCE RENFERME?

L'expérience ayant démontré que le pouvoir fécondant réside dans le corps de la semence et non point dans la vapeur qui en émane, il convient de déterminer maintenant si c'est à l'action simultanée de toutes les parties dont ce corps est formé, ou à l'une d'entre elles seulement qu'il faut attribuer ce privilége.

La semence, en effet, n'est pas un corps simple. Elle se compose de deux éléments principaux : l'un albumineux, semi-fluide, ordinairement peu abondant, élément que, dans le premier volume de cet ouvrage (1), nous avons considéré comme accessoire, parce qu'il n'est qu'une simple exhalation du canal excréteur de l'appareil génital; l'autre, en général plus copieux, formé de corpuscules mobiles, produit exclusif du testicule, et que, par ce motif, nous avons considéré comme le plus essentiel.

Or, si telle est la véritable constitution de la semence, le problème doit se réduire à séparer ces deux éléments et à les éprouver l'un après l'autre sur des œufs non fécondés, de la même manière qu'on éprouve la partie volatile dont nous venons de reconnaître l'impuissance. Nous arriverons ainsi à une démonstration précise.

Leur séparation s'obtient au moyen d'un filtre formé de feuilles de papier superposées, au travers desquelles on fait passer la liqueur prolifique, préalablement délayée dans une certaine quantité d'eau. Cette eau spermatisée, quand on la verse dans l'appareil, dépose sur la paroi du filtre, ou dans la trame des lames redoublées qui le composent, toutes les particules solides auxquelles la porosité du papier ne peut livrer passage, et entraîne avec elle, dans le récipient, tout ce qui est susceptible d'être dissous, c'est-à-dire l'élément albumineux purgé de toutes ses particules solides. Mais elle perd en même temps sa vertu fécondante en proportion du degré

(1) Voir T. Ier, page 413.

de filtration qu'on lui fait subir, et s'en dépouille entièrement quand cette filtration dépasse certaines limites.

Ainsi, par exemple, si l'on filtre cette eau spermatisée à travers deux feuilles de papier seulement, elle féconde déjà moins d'œufs qu'avant l'opération : elle en féconde beaucoup moins encore quand on en emploie trois ou quatre, et devient complétement impuissante quand le nombre de ces feuilles s'élève jusqu'à six ou sept, comme Spallanzani en a donné la preuve dans les belles expériences qu'il a instituées à ce sujet (1).

Ce n'est donc point à la portion albumineuse qu'il faut attribuer le pouvoir fécondant, puisque les œufs plongés dans l'eau qui tient cet élément en suspension y demeurent stériles. Cette impuissance absolue de la semence n'arrive que lorsque l'épuration est suffisante pour la dépouiller de

(1) La filtration produit sur l'eau spermatisée le même effet que l'agitation. Si l'on filtre l'eau spermatisée au travers du coton, des chiffons, des étoffes, elle perd beaucoup de sa vertu fécondante, et elle la perd entièrement, si on la filtre au travers de plusieurs papiers brouillards. Si on filtre cette eau au travers de deux papiers et si l'on féconde des têtards (œufs) avec l'eau filtrée, il n'en naît pas autant que lorsqu'elle n'était pas filtrée. Ils naissent encore en moindre nombre si on la filtre au travers de trois papiers, la diminution des naissances augmente si on filtre cette eau au travers de quatre papiers : enfin, la filtration opérée au travers de six ou sept papiers empêche la naissance des têtards, fécondés par cette eau.

Le papier où avait été fraîchement filtrée l'eau spermatisée, ayant été exprimé dans l'eau pure où l'on mit des têtards (œufs) non fécondés, ceux-ci naquirent fort bien : ce qui prouve que la filtration ôte à l'eau spermatisée sa vertu fécondante, en tant que la liqueur séminale qui y était contenue reste sur les papiers brouillards, puisqu'on la fait sortir en les exprimant. (Spallanzani, *Expér. pour servir à l'hist, de la générat.*, trad. franç.; par Senebier. Genève, 1785, p. 310.)

tous les corpuscules solides qui, avant l'opération, formaient, avec cette portion albumineuse, la liqueur séminale composée. Tant que quelques-uns de ces corpuscules mobiles passent, son pouvoir ne disparaît pas entièrement; il ne s'évanouit d'une manière absolue que quand il n'y en a plus un seul. C'est pour cela qu'elle peut encore féconder quelques œufs lorsqu'elle ne traverse que deux, trois ou même quatre feuilles de papier, tandis qu'elle n'exerce plus aucune action lorsqu'elle en a traversé six ou sept.

Pour démontrer l'impuissance radicale de la portion fluide de la semence, quand on l'emploie isolément, il y a un moyen bien plus simple encore et bien plus naturel que celui de la filtration : c'est de puiser cette substance dans les canaux excréteurs de l'appareil génital qui la fournissent, avant que des spermatozoïdes s'y trouvent mêlés, et de la mettre au contact des œufs.

Les Grenouilles offrent, sous ce rapport, des conditions physiologiques tellement favorables, que je m'étonne qu'on ne se soit pas plus tôt avisé d'en tirer avantage. Elles ont sur les côtés de la vessie urinaire, à l'extrémité de chaque canal déférent, et comme appendice de ce canal, un organe particulier, sorte de vésicule séminale, qui, dans la saison des amours, prend un grand développement, et sécrète un liquide abondant, d'une transparence et d'une fluidité extrêmes. Dans ce liquide, qui constitue à lui seul la partie fluide de la semence, le microscope, durant les quarante ou cinquante premières heures de l'accouplement, ne révèle encore aucune trace de corpuscules spermatiques. Ce n'est qu'à partir du troisième jour que ces corpuscules commencent à descendre vers les lacs d'albumine où ils s'entassent et où ils restent en réserve, en attendant l'heure de la fécondation.

Ici donc, sans que l'art intervienne, les deux éléments de la semence sont naturellement séparés durant un certain temps. La portion fluide est accumulée dans la poche qui la sécrète; la portion solide, exclusivement formée de spermatozoïdes, se trouve encore dans le testicule qui la produit, ou dans les canaux déférents qu'elle traverse. On peut extraire chacun de ces éléments, pur de tout mélange, des organes qui les renferment, et s'en servir isolément.

Il ne saurait, par conséquent, y avoir de condition plus propice, pour expérimenter l'action de l'élément fluide de la semence, que celle dont il s'agit. Une simple ponction, pratiquée à la paroi de l'une des vésicules copulatrices, permet de recueillir, soit dans une capsule en cristal, soit dans le renflement d'une pipette, une quantité de liquide suffisante pour tenter l'expérience. Mais on a beau mettre ce produit de sécrétion au contact des œufs dans une eau à laquelle on le mêle en variant les proportions, il leur reste complétement indifférent, comme j'en ai fait un grand nombre de fois l'épreuve : on féconde au contraire ces œufs, si on les touche avec les spermatozoïdes dont les testicules ou les canaux déférents sont gorgés.

Il ne faut donc pas s'étonner que, dépouillée par la filtration de toutes les particules mobiles qui en font partie, la semence perde le pouvoir qu'elle tient de leur présence. Je dis qu'elle le tient de leur présence, car si on prend ces particules sur les feuilles de papier qui les ont arrêtées, et qu'on les exprime dans une eau bien pure où des œufs non fécondés viennent d'être plongés, elles opèrent l'imprégnation de ces œufs avec autant d'énergie que lorsqu'on procède avec la liqueur séminale composée. C'est un fait que Spallanzani a mis hors de toute contestation dans son immortelle expérience. Cependant, après la découverte de ce fait curieux et fondamental, il restait encore à déterminer quelle pouvait être la nature intime de la substance privilégiée, si heureusement dégagée de la matière albumineuse à laquelle elle était associée. Pour résoudre ce facile problème, l'ingénieux auteur de ces délicates investigations n'aurait eu qu'à placer, sous le foyer du microscope, quelques atomes du résidu dont il disposait à son gré : il l'aurait vu exclusivement formée de spermatozoïdes. La pensée de se livrer à un semblable examen ne lui vint pas, parce que sa croyance en la *préexistence du têtard dans l'œuf ovarien* excluait à ses yeux la possibilité que ces corpuscules fussent les artisans de la fécondation. Il laissa donc une lacune que, plus tard, MM. Prévost et Dumas prirent le soin de remplir.

Mais, en admettant que les corpuscules solides retenus sur les filtres soient les seuls agents de la fécondation, ce n'est pas à dire pour cela qu'il faille voir en eux, pas plus que dans les œufs eux-mêmes, des embryons déjà formés : ils n'interviendront dans l'acte de la génération que comme éléments d'une combinaison, au même titre que le contenu de ces œufs avec lequel ils doivent contracter alliance.

Ainsi donc, ce n'est pas plus à la portion albumineuse qu'à la vapeur de la semence qu'il convient d'attribuer le pouvoir fécondant. Ce pouvoir reste tout entier aux spermatozoïdes, dont ce fluide albumineux devient le milieu conservateur. Toutes les autres parties, quels qu'en soient le nombre, la forme, la composition, ne sont, par conséquent, à ce point de vue, que des moyens préposés à cette conservation, ou des instruments pour la transmission de l'élément privilégié aux lieux de sa destination.

Si cette conclusion est exacte, il ne suffit pas qu'elle se déduise rigoureusement des expériences dont je viens d'exprimer le résultat: il faut encore qu'elle se traduise en un fait général et palpable, qui nous montre ces spermatozoïdes cheminant vers les œufs qu'ils doivent féconder, arrivant à leur rencontre, se mettant directement en contact avec eux, s'y incorporant, soit que le phénomène s'accomplisse à l'extérieur, soit qu'il se passe dans l'obscurité du sein maternel. C'est ce qui ressortira d'un autre ordre de recherches.

CHAPITRE III.

CONDITIONS DANS LESQUELLES S'OPÈRE LE CONTACT DE L'ÉLÉMENT MALE ET DE L'ÉLÉMENT FEMELLE.

Les corps organisés, au point de vue du mécanisme de leur fécondation, se partagent en deux catégories : ceux dont le contact des deux substances s'opère à l'extérieur, soit dans l'air, soit dans l'eau, comme chez la plupart des Plantes, chez les Batraciens et le plus grand nombre de Poissons osseux; ceux où elle s'accomplit dans le sein maternel, comme chez les Invertébrés, les Poissons cartilagineux, les Reptiles écailleux, les Oiseaux, les Mammifères et l'homme. Pour chacune de ces catégories, les moyens de translation de la semence vers les œufs qui mûrissent en prévision de son avénement, varient suivant la nature des milieux qu'elle traverse, suivant les voies qu'elle doit parcourir avant de les atteindre. Je m'occuperai d'abord de la première catégorie, parce que le phénomène y étant externe, il est plus aisé de n'en pas perdre la trace, et que les notions précises qu'il donnera, nous aideront à porter la lumière là où il se passe dans des conditions plus voilées. Ce sont les Batraciens qui nous serviront encore ici d'exemple.

CONTACT DES DEUX ÉLÉMENTS CHEZ LES ANIMAUX A FÉCONDATION EXTERNE.

Lorsqu'on plonge un œuf non fécondé de Grenouille, de Crapaud, de Salamandre, dans l'eau d'un récipient, la glaire qui l'entoure s'imbibe si activement de ce liquide que, en moins d'une heure, cette glaire en est saturée comme une éponge qu'on aurait placée dans les mêmes conditions. Par suite de cette imbibition, elle se gonfle au point d'acquérir un volume trois ou quatre fois plus grand qu'avants on immersion, et cette modification suffit pour réduire cet œuf à une impuissance radicale. En vain le soumet-on alors au contact de la semence, il demeure sans retour inaccessible à un pouvoir qui, tout à l'heure, l'eût entraîné à la création d'un être nouveau.

Quelle peut être la cause d'une si complète et si soudaine déchéance ?

Faut-il admettre que cet œuf, arrivé au dernier terme de son existence propre, meurt naturellement, parce que l'élément fécondant ne vient le solliciter à une vie commune qu'après l'expiration du délai assigné à sa vie isolée? Evidemment non; car, si au lieu de l'immerger au moment où on l'a sorti du sein maternel, on l'avait laissé à sec dans un vase, il n'aurait perdu aucune de ses aptitudes pendant près de vingt-quatre heures et même davantage, pourvu qu'on eût entretenu autour de lui une certaine humidité, et qu'on l'eût mis à l'abri d'une température élevée, ainsi que je m'en suis assuré par de nombreuses expériences.

Cette déchéance ne peut donc tenir qu'à une modification grave, introduite dans l'œuf par l'action de l'eau en l'absence de la fécondation; modification portant, soit à l'extérieur sur la couche albumineuse, soit à l'intérieur sur le germe, soit sur les deux à la fois.

L'altération produite sur le germe, si réellement il y en a une, ne saurait être ici facilement appréciée, parce que le travail de décomposition ne se traduit pas par des signes assez prompts pour qu'on puisse distinguer sur-le-champ ce qui est normal de ce qui cesse de l'être. Mais il n'en est pas moins vrai qu'en prenant en considération, comme je le montrerai plus loin, ce qui se passe chez les animaux à fécondation intérieure, notamment chez les Oiseaux et les Mammifères, on est conduit à admettre l'existence, visible ou non, d'un commencement de décomposition du germe, là où ce germe, placé sous l'empire des conditions au milieu desquelles il doit recevoir l'influence du mâle, n'a pas été mis en demeure de la subir au moment opportun. Le plus léger retard suffit alors pour le rendre stérile.

Ici, je le répète, aucun travail matériel appréciable, quoiqu'il existe probablement au fond, n'exprime le fait d'une altération intérieure; mais il n'est pas nécessaire d'invoquer l'existence de cette altération, pour trouver une explication de l'impuissance dans laquelle tombe l'œuf non fécondé des Batraciens, lorsqu'il a séjourné trente ou quarante minutes dans l'eau avant d'avoir été mis au contact de la semence: la saturation intempestive de la glaire donne, à l'extérieur, une raison suffisante de cette impuissance, comme l'a démontré Spallanzani (1), et comme l'ont constaté, après lui, MM. Prévost et Dumas (2).

Quand cette saturation est accomplie, on a beau verser de la liqueur prolifique sur les œufs immergés, les spermatozoïdes, trop tardivement introduits, ne peuvent désormais en pénétrer l'albumen. Les porosités de cette substance qui, tout à l'heure, exerçaient sur le liquide ambiant une sorte d'aspiration capillaire, et auraient entraîné ces corpuscules mouvants jusqu'au germe, sont envahies maintenant et ne déterminent plus aucun courant capable d'amener la matière fécondante au contact de ce dernier. C'est pour cela que, guidés par un instinct conservateur de l'espèce, les mâles, en l'état de nature, ne manquent point d'arroser les œufs de leur laitance au moment même où les femelles les expulsent, et ne vont jamais la répandre sur ceux qui ont déjà subi l'imbibition de l'eau, comme on peut s'en convaincre lorsqu'on isole ces mâles dans un vase où l'on place des œufs pondus depuis un certain temps.

La déchéance des œufs, par suite de leur séjour dans une eau qui n'est point mélangée de semence, se mesure avec précision. J'en ai suivi le progrès dans une série d'expériences qui confirment celles de Spallanzani et ne diffèrent de celles de MM. Prévost et Dumas qu'en un seul point: c'est que les œufs sont bien plus promptement frappés de stérilité que ces observateurs ne l'avaient supposé.

(1) *Expér. pour servir à l'hist. de la générat.* Trad. franç.; par Senebier. Genève, 1785, pag. 157.

(2) *Deuxième Mém. sur la générat.*; Ann. des Sc. Nat.; Paris, 1824. T. II, pag. 134.

Comme ces physiologistes, j'ai pris dans l'utérus de plusieurs Grenouilles des œufs à complète maturité, que j'ai fait séjourner pendant des temps déterminés dans de l'eau pure, où j'ai introduit ensuite une quantité de semence suffisante pour qu'ils pussent être tous fécondés, s'ils en avaient été susceptibles.

Voici le tableau de mes observations à ce sujet :

Sur 140 œufs mis au contact de la liqueur fécondante :

Immédiatement après leur extraction de l'utérus.	136 féconds.		4 inféconds.	
Après 5 minutes de séjour dans l'eau. . . .	67	—	73	—
Après 10 minutes.	47	—	93	—
Après 1 minutes.	23	—	117	—
Après 30 minutes.	5	—	135	—
Après 60 minutes.	0	—	140	—

Ces expériences, répétées plusieurs fois, ont, sauf les variations que présentent des phénomènes de cette nature, donné constamment un résultat à peu près identique. Après un quart d'heure d'immersion, les cinq-sixièmes des œufs étaient frappés de stérilité, et, au bout d'une heure, il n'y en avait plus un seul de fécond. Cette stérilité, par conséquent, s'est manifestée plus de trois heures avant le moment indiqué par les expériences de MM. Prévost et Dumas (1). La différence tient probablement à ce que ces observateurs plongeaient les œufs en bloc dans l'eau, de telle sorte que ceux de la périphérie mettant ceux du centre à l'abri de l'imbibition, prolongeaient leur aptitude à la fécondation jusqu'au moment où l'on faisait intervenir les spermatozoïdes. Mais, je le répète, cette dif-

(1) *Deuxième Mém. sur la générat.* Ann. des Sc. Nat.; Paris, 1824. T. II, p. 134.

férence ne porte que sur la durée du phénomène et non sur le fait lui-même.

Lors donc que l'on veut assister à l'incorporation des spermatozoïdes et suivre leur marche à travers la glaire, il faut délayer la semence dans l'eau du récipient aussitôt qu'on y a déposé les œufs. Le phénomène s'accomplit alors sans obstacle ; et si, après quelques instants d'immersion, l'on coupe avec de fins ciseaux des tranches minces de la couche albumineuse, on découvre dans cette couche, à l'aide du microscope, un grand nombre de spermatozoïdes exécutant des mouvements qui leur donnent l'apparence de vrilles tournant sur elles-mêmes. Toute l'épaisseur de l'albumen n'en est pas instantanément envahie : l'eau s'infiltrant insensiblement de dehors en dedans, les spermatozoïdes suivent cette marche progressive du liquide ambiant. Il en résulte qu'au début de l'imbibition les couches superficielles seules en sont pénétrées. Ce n'est qu'au bout de neuf à dix minutes que l'on commence à en découvrir quelques-uns dans les couches les plus profondes, et ces dernières n'en sont abondamment pourvues qu'après un quart d'heure. Ce laps de temps suffit pour que les corpuscules mobiles de la semence traversent toute l'épaisseur de l'enveloppe glaireuse et arrivent au contact de la membrane vitelline. A mesure qu'ils y parviennent, et que l'œuf saturé cesse d'en puiser au dehors, les couches extérieures se dégarnissent au profit des couches profondes et cet œuf offre, à ce moment, l'image d'une pelotte sphérique dans laquelle on aurait enfoncé des aiguilles.

Telle est, en effet, autant qu'une comparaison grossière peut représenter un acte de la vie, l'idée qu'il faut se faire de la situation des corpuscules fécondants au sein de l'albumen, et autour de l'œuf à la rencontre duquel les courants les entraînent, ou vers lequel ils marchent peut-être en vertu d'une propriété physique inconnue, qui contraint cet albumen à leur livrer passage. Quelques minutes suffisent donc pour les conduire jusqu'à la membrane vitelline qui leur fait obstacle, et contre laquelle ils appuient leur extrémité renflée, comme s'ils voulaient en forcer la paroi. Nous verrons plus loin s'ils y réussissent, ou s'il n'y a pas quelque voie temporairement ménagée pour les introduire. Ici, un seul fait nous importe: c'est de démontrer que le mâle est représenté dans l'œuf, au moment de la conception, par un élément matériel, visible à côté du germe, assez rapproché de ce germe pour se trouver au contact immédiat de sa membrane enveloppante et n'ayant plus, par conséquent, d'autre distance à franchir pour se mêler à sa propre substance, dans le cas où le mélange constituerait le mystérieux phénomène à la consommation duquel nous cherchons à assister.

S'il est nécessaire pour que les œufs des Batraciens conservent leur aptitude à être fécondés; s'il est nécessaire, dis-je, que la couche albumineuse dont ils sont enveloppés n'ait pas subi d'imbibition préalable; il faut également que les spermatozoïdes, pour que leur contact soit efficace, jouissent encore, en arrivant sur ces œufs, de la mobilité qui, chez la plupart des animaux, est le véritable signe de leur vertu prolifique. Dès que ce signe s'évanouit, le fluide séminal perd son pouvoir fécondant: aussi peut-on lui ravir ce pouvoir, ou en abréger le terme, par la seule destruction de la faculté locomotrice des filaments spermatiques qui entrent dans sa composition. L'étincelle d'une bouteille de Leyde, ainsi que l'expérience le démontre, suffit pour donner ce résultat (1). En passant comme un éclair à travers la liqueur prolifique, elle tue, après cinq ou six explosions, les spermatozoïdes que cette liqueur renferme, et, quoique tout reste d'ailleurs dans le même état, la semence se trouve frappée de stérilité par cela seul qu'elle ne porte plus sur les œufs que des cadavres d'animalcules foudroyés.

On pourrait dire, il est vrai, que cette expérience n'est pas aussi décisive qu'elle le semble au premier abord, et supposer que l'agent subtil dont la fugitive impression frappe les spermatozoïdes d'inertie, ne saurait traverser la semence sans en altérer la composition intime, quoique cette altération ne se traduise par aucun signe appréciable. Mais il y a un autre moyen de s'assurer qu'en perdant leur motilité, les spermatozoïdes perdent aussi leur pouvoir fécondant : c'est de les laisser mourir naturellement dans l'eau qui doit leur servir de véhicule, et, à mesure qu'ils meurent, de mettre cette eau au contact des œufs. En procédant ainsi, on constate que la vertu prolifique du liquide décroit en raison directe de la mortalité des spermatozoïdes, et qu'elle s'éteint complétement à partir du moment où il n'y en a plus un seul de vivant, ce qui, pour les Grenouilles, arrive vers la vingt-cinquième ou la trentième heure après le mélange de la semence à une eau dont la température est de 10 à 12 degrés, et, vers la soixantième, si l'on place le mélange dans une glacière.

Tout ce que je viens de dire sur le mécanisme de la pénétration des spermatozoïdes dans la substance glaireuse qui

(1) Prévost et Dumas. *Deuxième Mém. sur la générat.* Ann. des Sc. Nat., Paris, 1824, T. II, pages 139 et 148.

enveloppe l'œuf des Batraciens, s'applique rigoureusement aux œufs des Poissons osseux qui, comme ceux des Perches, ont un albumen. C'est toujours à travers cette substance, et à la faveur de l'absorption de l'eau dans laquelle la semence est délayée, que ces spermatozoïdes sont amenés au contact de la membrane vitelline et se mettent à portée du germe.

Chez les espèces de cette classe dont les œufs n'ont pas d'albumen proprement dit, comme ceux des Salmonidés, des Épinoches, des Barbeaux, etc., ce contact se réalise sans intermédiaire. Les spermatozoïdes s'appliquent directement sur la membrane vitelline, et, pour empêcher qu'ils ne soient détachés par le mouvement des eaux ou emportés par le courant, il y a, à la surface de cette membrane, un léger enduit gluant qui les retient.

La promptitude du contact de la semence, pour préserver l'œuf de la stérilité, est ici une condition bien plus impérieuse encore que chez les Batraciens. Elle est commandée par la brève durée de la vitalité de l'élément fécondant.

En effet, chez les Poissons osseux à fécondation externe, le signe caractéristique de la vertu prolifique de la semence s'évanouit, sous l'action de l'eau, d'une manière bien autrement rapide que chez les Grenouilles. Les spermatozoïdes, loin d'y conserver leur motilité pendant vingt-cinq ou trente heures après l'immersion, y survivent à peine quelques instants : ceux du Barbeau, de la Perche, de la Carpe, du Gardon, y sont frappés d'inertie au bout de deux ou trois minutes; ceux du Brochet, de la Truite, du Saumon, n'y prolongent pas leur activité au delà de six à huit minutes; et, à partir du moment où ces corpuscules cessent de se mouvoir, le liquide *laitancé* n'a plus aucune efficacité. Les expériences auxquelles je me suis livré depuis que, sur ma proposition, le gouvernement a fondé l'établissement de pisciculture d'Huningue, m'ont fourni, en ce qui concerne la famille des Salmonidés, des résultats d'autant plus concluants, qu'ils ont été obtenus au milieu des conditions où les espèces de cette famille ont coutume de se reproduire, c'est-à-dire sur les lieux mêmes qu'elles choisissent pour établir les frayères. Dans ces expériences, je ne réussissais jamais à féconder un seul œuf lorsque je me servais d'une eau spermatisée depuis sept à huit minutes. Quand j'opérais, au contraire, avant l'expiration de ce délai, qui est le dernier terme de la vitalité des Spermatozoïdes, j'obtenais toujours des embryons, et ces embryons étaient en nombre d'autant plus considérable, que l'épreuve s'accomplissait à un moment moins éloigné de celui où la laitance avait été extraite du mâle, et contenait, par conséquent, une plus grande quantité de corpuscules vivants. La motilité des Spermatozoïdes est donc encore ici, comme chez les Batraciens, le signe et la condition essentielle de leur aptitude procréatrice.

Quoique l'eau soit le milieu naturel destiné à amener les corpuscules fécondants au contact des œufs, son action en abrége singulièrement la vie, puisque, comme nous venons de le dire, une immersion de deux ou trois minutes pour certaines espèces, de six à huit pour d'autres, suffit à leur faire perdre leur motilité, à éteindre en eux la vertu prolifique. Mais cette vertu prolifique se prolonge bien davantage si, au lieu de délayer la semence dans le liquide qui doit lui servir de véhicule, on la conserve, sans aucun mélange d'eau, soit à l'air libre dans un vase ouvert, soit à l'abri du monde extérieur dans un flacon bouché à l'émeri. Renfermés dans ces récipients, les Spermatozoïdes continuent à y vivre comme s'ils étaient encore dans les canaux déférents du mâle, et j'en ai vu se mouvoir avec une grande agilité trente heures après leur extraction.

Cette remarque me donna l'idée d'expérimenter avec de la laitance ainsi conservée, afin de m'assurer si, comme celle que l'on extrait immédiatement du corps de l'animal, elle aurait encore tout son pouvoir fécondant. En conséquence, je versai dans l'eau d'un vase qui venait de recevoir neuf cents œufs de Saumon, le fluide séminal d'un mâle de la même espèce, fluide que, depuis vingt-quatre heures, je tenais en réserve dans un flacon, et au sein duquel, malgré ce long séjour, le microscope m'avait montré un très-grand nombre d'animalcules spermatiques vivants. Les œufs, mis en incubation, donnèrent quatre cent dix-huit embryons, c'est-à-dire presque autant qu'en donnent les fécondations ordinaires.

Dans une seconde expérience, j'arrosai, avec de la semence extraite depuis trente heures et conservée dans les mêmes conditions, huit cents autres œufs de Saumon; mais, cette fois, je n'obtins que quelques embryons, résultat que je prévoyais d'avance, car la plupart des animalcules dont cette semence se composait étaient inertes, et ceux qui s'agitaient encore n'exécutaient plus que des mouvements lents.

Il faut donc que les spermatozoïdes jouissent de leur motilité pour que leur contact soit efficace. Or, un séjour de cinq ou six minutes dans l'eau suffisant pour les frapper d'inertie, il y a nécessité, quand on veut opérer à coup sûr la fécondation artificielle, de n'extraire la liqueur prolifique du corps de l'animal qu'au moment même de l'expérience, ou que très-peu d'instants après que les œufs sont dans le récipient. Mais ces œufs eux-mêmes s'altèrent avec non moins de rapidité que la semence, et c'est pour cela que les mâles mettent tant d'empressement à les arroser de leur laitance au moment même de la ponte, et qu'ils donnent des témoignages de la plus violente anxiété lorsqu'on met obstacle à leur ardeur. J'ai assisté à toutes les péripéties de cet attachant spectacle, autour de nos piscines du Collége de France. Là, j'avais rassemblé, pour mes études d'Embryogénie comparée, un troupeau d'Epinoches qui y étaient occupés à construire leur nid, et qui se livraient à ce travail avec une sorte d'activité fébrile. Lorsque les mâles, qui sont les seuls artisans de cette construction, eurent achevé leur édifice, je vis chacun d'eux s'élancer, plein d'agitation, au milieu du groupe des femelles, y faire le choix de celle qu'il voulait entraîner vers sa demeure, lui en indiquer le chemin et lui en montrer l'entrée d'une manière tellement expressive, que, en y pénétrant, elle semblait obéir à son invitation (1).

Les femelles, de leur côté, tourmentées du besoin de se délivrer de leur progéniture, s'empressaient de les suivre et de venir la confier à leur garde, sous le toit fortifié que l'instinct paternel avait préparé. Lorsqu'une d'elles s'y était introduite, le mâle, dont la coloration mobile, les mouvements animés exprimaient l'agitation croissante, se montrait en proie à une sorte de paroxisme, semblait vouloir hâter le moment de la ponte ; et si sa compagne, fatiguée par la douleur de la parturition, ne quittait pas cet asile immédiate-

(1) Coste, *Note sur la manière dont les Epinoches construisent leur nid et soignent leurs œufs;* C. R. de l'Acad. des Sci. Paris, 1846, t. XXII, pag. 814 et Mém. des Sav. étrangers (Acad. des Sci.). Paris, 1848, t. X.

ment après sa délivrance, il l'en chassait rudement, afin d'y pénétrer à son tour et de ne pas perdre un instant avant de répandre sa laitance sur les œufs dont il allait rester le dépositaire. Mais, dans les cas où on l'empêchait de remplir à temps cette fonction, il ne cherchait plus, lorsqu'on lui en laissait la liberté, à réparer par une opération tardive l'acte auquel on avait mis obstacle, et se réservait pour la fécondation du produit des autres femelles que son nid était destiné à recevoir. Son instinct répond donc aux besoins imposés par la courte durée de la vitalité de l'œuf et de l'élément fécondant, comme s'il en avait la conscience raisonnée.

CONTACT DES DEUX ÉLÉMENTS CHEZ LES ANIMAUX À FÉCONDATION INTERNE.

Chez les innombrables espèces dont la fécondation s'opère dans le sein maternel, la semence mâle ne peut arriver à la rencontre de l'élément femelle qu'en parcourant les longues voies par lesquelles les œufs doivent opérer leur descente, c'est-à-dire qu'après son ascension jusqu'aux ovaires où ces œufs mûrissent en attendant qu'elle les féconde. Mais alors, pour que cette semence s'engage sûrement dans ces voies profondes, les mâles ont le soin d'en faire le dépôt soit à l'extérieur autour des ouvertures génitales des femelles, soit à l'intérieur dans le vestibule qui en forme l'entrée. Chez l'Ecrevisse, le Homard et la Langouste, ils la versent sur le plastron, où elle se coagule en plaques plus ou moins irrégulières entre les deux orifices qui conduisent aux oviductes.

Chez les Palémons et les Crangons, ils l'attachent au même point, ou à la base des pattes, sous forme de spermatophores. Chez les Mollusques Céphalopodes, c'est dans le manteau, mais toujours au voisinage de l'ouverture génitale, et en dehors du canal vecteur des œufs que ces spermatophores, groupés en bouquet, sont fixés.

La semence, ainsi déposée, est progressivement dissoute par l'eau dans laquelle vivent les femelles qui en sont chargées, et, à la faveur de ce véhicule, les spermatozoïdes, dégagés alors de la masse concrète dont ils faisaient partie, arrivent aux pertuis des canaux vecteurs dans lesquels ils s'engagent et qu'ils parcourent sans donner aucun signe de motilité propre. Cette motilité ne saurait donc être considérée ici comme l'une des causes de leur ascension, puisque, en son absence, leur marche n'en est pas moins assurée. Elle n'est pas davantage la condition nécessaire de leur aptitude procréatrice, puisque, malgré leur inertie apparente, ils exercent le pouvoir fécondant : double exception dont nous aurons bientôt à tenir compte, et qui s'étend probablement à la plupart des animaux dont la semence est émise sous forme concrète.

Chez les Décapodes Brachyures, la matière séminale prend aussi la consistance de la cire coagulée au moment où elle est expulsée. Mais, au lieu de la déposer au dehors, comme cela arrive chez les Macroures, les mâles la portent directement, à l'aide de leurs stylets copulateurs et à travers les ouvertures sternales, dans une dilatation située à l'extrémité inférieure de l'oviducte. J'ai vu chez le Crabe commun et chez le Tourteau, dans cette dilatation qui rappelle la poche copulatrice des Insectes, la masse compacte formée par la semence conserver sa densité pendant quinze jours environ, puis s'amollir progressivement, de la superficie vers le centre, jusqu'à complète liquéfaction. Ce phénomène ne dure pas moins de deux mois. Pendant qu'il s'accomplit, les spermatozoïdes désagrégés et libres au sein du fluide qui résulte de cette liquéfaction, montent vers les ovaires où les œufs sont à peine à l'état naissant, et fécondent ces œufs bien longtemps avant leur maturité. Mais ici encore, comme chez les Céphalopodes, les Homards, les Langoustes, les Palémons, etc., ces spermatozoïdes, n'étant jamais doués de la faculté locomotile, ne peuvent prendre aucune part active à leur propre translation. Il faut évidemment qu'une force indépendante, dont ils subissent passivement les effets, les conduise à leur destination : force indépendante à laquelle cette fonction est partout confiée, même dans les classes où les corpuscules fécondants exécutent les mouvements les plus étendus.

Chez les Mammifères, et par conséquent chez l'Espèce humaine, aussitôt que la semence s'est répandue sur la muqueuse vaginale, elle la provoque à une si abondante sécrétion de sérosité, que, chez le Lapin par exemple, le vestibule de la matrice s'en emplit en un instant. Le col de l'utérus, baigné alors par le liquide accumulé, se trouve dans les conditions les plus favorables pour donner accès aux corpuscules mouvants dont ce liquide se charge en délayant la semence. Ils s'y introduisent, en effet, et s'avancent lentement de cette première station jusqu'à l'entrée de la matrice. L'action qui les y porte s'exerce tant que la source n'est point tarie, c'est-à-dire pendant plusieurs heures après le dépôt de la matière prolifique, et cette même action les entraînant dans les voies intérieures, les pousse vers les ovaires. Mais le passage du vagin dans l'utérus n'est pas soudainement franchi, comme la plupart des physiologistes sont encore disposés à le croire. Chez le Lapin, je n'ai jamais trouvé de corpuscules spermatiques engagés dans le col que vingt-cinq ou trente minutes après la copulation. En sorte que, si, pendant cette période, on lavait à fond le vestibule de la matrice, ou si l'on y introduisait une substance capable d'altérer les spermatozoïdes, on mettrait infailliblement obstacle à la fécondation. Quelques minutes plus tard cet artifice ne saurait produire le même effet, à moins que l'injection ne portât plus loin le liquide perturbateur, ou qu'une ligature des cornes utérines ne s'opposât à l'ascension de l'élément fécondant.

L'eau pure, quand elle est à une très-basse température, suffit à elle seule pour paralyser la semence dans le vagin, parce qu'elle tue les spermatozoïdes presque aussi sûrement que les substances astringentes : l'eau tiède, au contraire, semble propre à leur servir de véhicule. Elle délaye la semence quelquefois trop épaisse, ou à laquelle la muqueuse vaginale ne fournit pas une assez abondante sécrétion de sérosité. Son emploi peut donc, dans certains cas, devenir un moyen de favoriser la fécondation, comme tend à le prouver une observation que M. le professeur Paul Dubois a bien voulu me communiquer : une femme qui, par mesure de propreté et peut-être aussi par prudence, avait coutume de se faire une injection d'eau froide après chaque rapprochement des sexes, resta inféconde tant qu'elle eut recours à cette pratique; mais, un jour, n'ayant que de l'eau tiède sous la main, elle crut qu'il n'y avait pas d'inconvénient à s'en servir, et, ce jour-là, elle conçut.

Parmi les anciens anatomistes, ceux qui croyaient à la pénétration immédiate de la semence dans la matrice pour opérer la fécondation, imaginèrent que l'orifice externe du col, se dilatant au moment du coït, recevait l'extrémité libre de la verge, et que, par suite de ce rapport, le sperme était directement injecté dans la cavité utérine. Telle fut l'opinion de Spigel (1), de J. Riolan (2), de Morgagni (3), de H. Boerhave (4), etc. D'autres, comme Vallisnieri (5), ajoutèrent que non-seulement la verge s'engageait dans l'ouverture dilatée du col, mais que celui-ci, aspirant la semence par une véritable succion, contribuait à l'introduire et à la retenir.

Si, par un motif quelconque, le col ne s'ouvrait pas pour lui livrer passage ou se trouvait dans une autre direction que celle de l'organe éjaculateur, alors la semence, perdue dans le vagin, refluait au dehors : de là, suivant la théorie, la cause de la stérilité de tant d'accouplements. Haller formula cette pensée dans les termes suivants : *Vix potest everti argumentum a semine sumptum, quod in coitu infecundo continuo de vulva feminæ defluit, in fecundo retinetur, ut eo signo mulieres se concepisse intelligant : et de bestiis femellis ex eadem nota recipiatur, coitum utilem fuisse* (6). C'est sans doute pour exprimer la même idée que nos cultivateurs disent que les femelles n'ont point *retenu*, quand ils les livrent inutilement aux Etalons.

Regnier de Graaf, qui ne croyait ni à la dilatation du col,

(1) *Opera omnia*, Amsterdami, 1645, Lib. VIII, Cap. XX, p. 257.
(2) *Opera anatomica*, Lutetiæ-Parisiorum, 1649, Lib. II, Cap. XXXV, p. 197.
(3) *Adversaria anatomica*, Bononiæ, 1706, T. III, p. 11.
(4) *Institutiones medicæ*, Parisiis, 1747, p. 342.
(5) *Opere fisico-mediche*, Venezia, 1733, T. II, P. II, Cap. XIII, p. 192.
(6) *Elementa physiologiæ*, Bernæ, 1766. t. VIII, p. 21.

ni à l'introduction du gland dans l'orifice externe de ce canal, admettait cependant, comme ses contemporains, la nécessité de l'injection directe de la semence dans la matrice pour assurer la fécondation. Aussi, quand il a voulu expliquer comment des femmes non déflorées devenaient enceintes, a-t-il supposé que le museau de tanche, abaissé par les contractions musculaires des parois du vagin, descendait jusqu'à la vulve, derrière laquelle il recevait le jet prolifique sans que le détroit fût forcé par la verge :... *Nam inferior ejus angustia, quæ propriè os uteri dicitur, in virginibus tam exigua est, ut stylum tenuiorem solummodò excipiat, et nullo conatu vel minimus digitus in eam intrudi possit; quod cùm ita sit, non videmus quâ probabilitate Spigelius (libro* 8, *cap.* 20*) os uteri in coitu ita dilatari statuit, ut penis glandem suscipiat* (1)... *Ac insuper sine penis in vaginam immissione illæsâ omninò vaginæ orificii coarctatione quandoquè concipiunt, quatenùs silicet uterus per fibras carneas secundùm vaginæ longitudinem excurrentes deorsùm tractus breviori peni occurrit, et eousquè salacioribus descendit, ut ejaculatum per foramen semen hiante osculo excipiat* (2).

La théorie de l'injection directe de la semence dans la matrice, déduite soit de la sensation de plaisir, soit de la sensation de succion que certaines femmes prétendent éprouver au col de l'uterus à chaque rapprochement fécond, n'a jamais été, au fond, qu'une simple hypothèse, jusqu'au moment où M. Bischoff a essayé d'en faire l'objet d'une démonstration

(1) Graaf, *Op. omnia*, Lugduni Batavorum, 1677. De mulierum organis, chap. VIII, p. 235.

(2) Même ouvrage, chap. V. p. 199.

expérimentale. Ce physiologiste n'ayant « trouvé que peu ou » point de spermatozoïdes dans le vagin des Chiennes et des » Lapines, après l'accouplement, tandis que la matrice en » était constamment remplie, » a cru pouvoir en conclure « que, » pendant un coït fécond, la matrice descend dans le petit » bassin au moment de l'éjaculation, que son orifice s'ouvre, » et que le sperme y pénètre, tant d'une manière directe » qu'au moyen d'une aspiration exercée par le museau de » tanche. Comme les deux actes, » ajoute-t-il, « l'éjaculation » de la semence et les mouvements de la matrice, n'ont pro» bablement lieu qu'au moment de la plus vive excitation, » l'une des causes les plus fréquentes de la stérilité d'un si » grand nombre d'accouplements pourrait bien être le défaut » de coïncidence entre eux, qui s'oppose à ce que le sperme » pénètre dans la matrice, comme le présumait déjà Gras» meyer. L'objection tirée des animaux dont la femelle a un » double orifice utérin, tandis que le gland du mâle est sim» ple, me semble n'avoir aucun poids, car il serait possible » que la modalité inconnue du coït amenât une compensation » suffisante chez ces animaux, dont la plupart, comme on » sait, répètent si souvent l'accouplement, qu'une féconda» tion successive des deux matrices pourrait fort bien avoir » lieu (1). »

En arguant des faits observés par lui sur les Chiennes et les Lapines, pour faire prévaloir une opinion qui est le résumé ou la combinaison des divers sentiments de ses prédécesseurs, M. Bischoff ne dit pas à quel moment précis il a

(1) Bischoff, *Développ. de l'Homme et des Mamm.* (Encycl. anat.) Paris, 1848, p. 24.

ouvert les femelles soumises à son expérimentation. Si c'est immédiatement après le coït qu'il s'est livré à cet examen, on ne s'explique alors ni comment il a pu ne pas rencontrer de spermatozoïdes dans le vagin, car il y en a toujours pendant les vingt-quatre heures qui succèdent au rapprochement des sexes, ni comment il en a trouvé en abondance dans la matrice, attendu qu'il ne leur faut pas moins, je le répète, de vingt-cinq à trente minutes pour franchir le col et arriver dans cet organe. L'observation, chez le Lapin, rend ce dernier fait si évident, qu'il ne saurait y avoir incertitude à cet égard. Une nouvelle confirmation m'en est donnée par une dernière expérience exécutée pendant la rédaction de ce chapitre.

Une Lapine primipare a été tuée trente-cinq minutes après un premier et unique accouplement. A l'ouverture, qui en a été faite sans délai, les ovaires se sont montrés excessivement riches en vésicules de Graaf, parmi lesquelles trois ou quatre, sur chaque organe, étaient manifestement plus turgescentes et plus volumineuses que les autres. La vulve, l'utérus, les trompes, le pavillon étaient tuméfiés et injectés, et cette phlogose générale, indice d'un rut très-prononcé, expliquait l'empressement de la femelle à recevoir le mâle. Le vagin était également phlogosé, mais affaissé comme à l'état de complète vacuité.

Une incision de trois centimètres environ, pratiquée vers le milieu de la corne gauche, a permis de constater que cet organe, dont les parois étaient notablement plus épaisses qu'à l'état de repos, ne renfermait, dans ce point, ni liquide, *ni trace de corpuscules spermatiques*. L'incision ayant été prolongée, d'un côté, jusqu'à la limite du col, de l'autre, jusqu'à la naissance des trompes, et chacune des régions successivement découvertes ayant été soumise à un examen attentif, *aucun spermatozoïde n'a pu y être aperçu.* L'exploration de la corne droite a donné le même résultat.

Les cols utérins, ouverts à leur tour d'avant en arrière, par une incision qui s'arrêtait à deux millimètres au plus de l'orifice externe, n'ont également offert, dans toute leur étendue, *aucun corpuscule spermatique.* Ceux-ci ne commençaient à se montrer, mais en très-petit nombre, que sur les plis du museau de tanche, saillants dans la cavité vaginale. Ils n'avaient donc point encore, trente-cinq minutes après l'accouplement, franchi l'orifice externe.

Le vagin, dont les parois, avons-nous dit, étaient affaissées, ne contenait qu'une faible quantité de liquide, au sein duquel s'agitaient des spermatozoïdes en nombre d'autant plus grand qu'on prenait ce liquide plus près de la vulve.

Il reste donc démontré, par le résultat invariable de nos nombreuses expériences, que, contrairement à l'opinion la plus accréditée, le vagin est le lieu de dépôt de la semence et que jamais, chez les Mammifères, un spermatozoïde ne pénètre dans la matrice sans qu'il y ait séjourné pendant un certain temps.

Ce n'est pas à dire qu'il n'y ait dans la série animale des espèces ou même des classes chez lesquelles l'élément mâle ne passe directement dans les voies intérieures sans toucher au vestibule de l'appareil génital : mais alors cet appareil jouit d'une assez grande mobilité pour se projeter au dehors. Il s'évagine sous forme de bourrelet hémorrhoïdal à travers le cloaque béant, et vient recevoir la semence dans les plis de sa muqueuse, où le mâle la dépose, en y appliquant les orifices également évaginés de ses canaux éjaculateurs. Puis, quand cette muqueuse imprégnée rentre dans le corps, les spermatozoïdes dont elle est chargée se trouvent, par le seul fait de son retrait, amenés vers la matrice, qui secrète à ce moment, comme le vagin du Lapin, une quantité notable d'un liquide incolore et très-fluide, dont l'usage, sans doute, est d'étendre la semence et de faciliter son ascension le long de l'oviducte.

Les Oiseaux et les Chéloniens offrent de frappants exemples de ce curieux mécanisme, et une preuve de plus de l'admirable combinaison qui évite tous les obstacles pour assurer l'exercice d'une fonction. Dans ces deux classes, en effet, l'oviducte s'ouvre au cloaque, comme le rectum et les uretères. La semence y serait donc souillée par les excréments et par les urines, si, avant d'arriver au canal vecteur, elle restait en dépôt dans la chambre commune qui en précède l'entrée. Pour la soustraire à ce dangereux contact, l'extrémité inférieure de l'oviducte peut, au gré de l'animal, aller la chercher et la recueillir. C'est ce qu'on voit facilement chez les Poules au moment où elles subissent le mâle. Aussi, en les ouvrant immédiatement après la copulation, ai-je toujours trouvé le col rempli de spermatozoïdes, tandis qu'il n'y en avait pas un seul dans le cloaque. En deux heures, ces spermatozoïdes se répandent dans toute la cavité utérine, et en quatorze heures, ils sont à l'embouchure du pavillon, qui les porte vivants sur l'ovaire en promenant ses franges chargées de semence autour de cet organe. Pour y arriver, ils parcourent un canal qui n'a pas moins de soixante à soixante-dix centimètres de long; mais, malgré les nombreux détours que son enroulement les oblige à suivre, ils ne perdent rien de leur motilité. Ici encore, les spermatozoïdes sont donc vivants lorsqu'ils arrivent au contact des œufs.

A mesure que, chez les Mammifères, le courant établi à travers le conduit utéro-vaginal transborde les spermatozoïdes, et les porte du lieu de dépôt à l'entrée de la matrice, ceux qu'il y a déjà amenés s'avancent peu à peu dans la cavité de cette dernière, laissant successivement la place qu'ils abandonnent à ceux qui les suivent, et, en six heures, arrivent au point de jonction des trompes, comme une traînée vivante échelonnée sur tout son parcours. Parvenue à cette hauteur, la colonne mobile, toujours alimentée par de nouveaux emprunts faits au lieu de dépôt, s'engage dans l'oviducte, s'y déroule en un laps de temps à peu près égal à celui qu'elle met à se déployer dans l'utérus; en sorte que, après dix ou douze heures d'un mouvement non interrompu, les spermatozoïdes placés en tête du courant envahissent les franges du pavillon, où on les trouve aussi mobiles qu'au moment de leur émission. Il n'y a donc plus, à partir de cet instant, un seul point du labyrinthe génital de la femelle qui ne soit imprégné de molécules fécondantes.

Le séjour de la semence dans le sein maternel n'altère en rien ses facultés : il les lui conserve, au contraire, bien au delà du temps nécessaire pour qu'elle les exerce; car chez le Lapin, par exemple, où, en dix heures, elle parvient jusqu'aux ovaires, on voit encore au deuxième jour, dans la matrice et dans les trompes, des corpuscules spermatiques jouissant de toute leur motilité. Chez le Chien, cette motilité ne s'éteint quelquefois qu'après le quatrième jour, bien que les spermatozoïdes arrivent au but en douze et quatorze heures.

Ceux qui restent dans le vagin perdent bien plus promptement leur vitalité. On les y trouve morts, mêlés à des débris de la couche épithéliale, quinze ou vingt heures après leur introduction. Mais, avant qu'ils meurent, la matrice en a fait une surabondante provision et les trompes peuvent y puiser vivants ceux qu'elles dirigent vers les ovaires.

Les spermatozoïdes, chez les animaux à fécondation interne vont donc au-devant des œufs dans le ventre des femelles et jusqu'au sein des ovaires où ces œufs mûrissent. C'est là qu'ont lieu la première rencontre et le premier contact. Mais cette rencontre et ce contact se multiplient à mesure que, tombés de leur capsule, les œufs ramassent en passant dans les oviductes la plupart des animalcules échelonnés le long de ces conduits. Aussi, à peine ont-ils parcouru le tiers supérieur du canal vecteur, que leur membrane vitelline en est déjà saupoudrée tout entière : phénomène que l'on observe facilement chez le Lapin cinq ou ou heures après la déhiscence, c'est-à-dire quinze ou seize heures après le rapprochement des sexes. Un peu plus tard, le premier albumen, dont l'oviducte entoure les œufs, leur apporte aussi d'autres animalcules, que l'on voit étagés dans l'épaisseur des couches les plus voisines de la membrane vitelline.

En résumé, chez les Vertébrés supérieurs, si profond que soit le lieu où s'opère la fécondation, on peut y suivre l'élément mâle sans jamais en perdre la trace, et le voir se mettre au contact des œufs dans le sein maternel, aussi clairement qu'on le voit chez les espèces dont l'imprégnation est extérieure et s'accomplit sous l'œil de l'observateur.

CHAPITRE IV.

TRANSPORT DE LA SEMENCE VERS LES OVAIRES.

Celui qui, le premier, aperçut, il y a bientôt deux siècles, des spermatozoïdes vivants dans la matrice d'un Mammifère, où il en suivit la trace depuis le col jusqu'à l'entrée des trompes, et qui les y trouva encore agités d'une incessante motilité, dut naturellement attribuer leur marche à la spontanéité dont il les croyait doués. Telle fut la pensée à laquelle s'arrêta Leeuwenhoek lorsque, vers le milieu de janvier 1684, il fit cette surprenante découverte. Il jugea, à vue d'œil, que ces spermatozoïdes pouvaient, en nageant, parcourir en quarante minutes un espace de cinq pouces, c'est-à-dire celui sur lequel ils étaient répandus dans la cavité utérine des Chiennes qui servaient à ses expériences : *Animalcula seminis masculi canis introrsùm in matricem ad distantiam sive longitudinem* 5 1/3 *partis pollicis pronotasse;..... quam viam animalcula hæc, pro rudi calculatione, et oculi mei dimensione, eâ de re à me confectâ, intra quadraginta minuta temporis natando absolvere possunt* (1).»

(1) Leeuwenhoek, *Opera omnia*, Lugduni Batavorum, 1722, T. I, p. 156.

Cette manière de voir, si naturelle en apparence, qui attribue l'ascension des spermatozoïdes à une sorte de progression volontaire, assez généralement adoptée depuis cette époque, semble avoir trouvé de nos jours, dans une expérience de M. Henle (1), une preuve de plus en sa faveur. Ce physiologiste a vu, sur le champ du microscope, les spermatozoïdes parcourir un quatre-vingtième de ligne en trois secondes, soit un pouce en sept minutes et demie; vitesse suffisante pour les conduire aux ovaires avant la chute des œufs, si l'on suppose que leur marche ne rencontre aucune résistance et que les choses soient dans le sein maternel ce qu'elles nous apparaissent sous le foyer d'un instrument d'optique. C'est, en effet, la conclusion que M. Bischoff a déduite de l'expérience de son compatriote, bien que, dans sa pensée, les contractions musculaires de la matrice et des trompes doivent également concourir à l'accomplissement du phénomène.

.... « Chez les Chiennes et les Lapines qui viennent d'être » fécondées, dit-il, la matrice et les trompes sont agitées de » mouvements vifs, qui peuvent contribuer au transport de la » semence. .....D'un autre côté, les mouvements propres des » filaments spermatiques contribuent essentiellement aussi à » la progression du sperme. Ces mouvements sont toujours » très-vifs dans les parties génitales femelles; ils y ont plus » d'énergie que ceux des filaments que je retirais du canal » déférent ou des vésicules séminales..... Henle a cherché à » évaluer la force et la rapidité du mouvement. Il a vu fré- » quemment les spermatozoïdes entraîner des cristaux dix » fois plus gros qu'eux, et il estime à un pouce en sep

(1) *Anatomie générale*, trad. franc. par Jourdan, Paris, 1843, T. II, p. 533.

» minutes la vitesse dont ils sont doués quand ils se meuvent » en ligne droite. Cette vitesse est plus que suffisante pour » qu'ils atteignent l'ovaire dans les limites des temps connus » après lesquels s'accomplit la sortie des œufs, quand bien » même ils décriraient des sinuosités en faisant le trajet (1). »

Mais pour être admise, même à simple titre de possibilité, il faudrait au moins que l'hypothèse basée sur la progression spontanée des corpuscules fécondants fût applicable à toutes les espèces; or, il y a des classes entières chez lesquelles les choses doivent se passer d'une manière bien différente, attendu que les spermatozoïdes n'y sont jamais doués de motilité, ou qu'ils perdent cette faculté avant leur introduction dans le sein maternel. Les Crustacés décapodes sont dans le premier cas; les Mollusques céphalopodes dans le second, comme nous l'avons dit plus haut. Cependant, l'ascension de la semence vers les ovaires n'en est pas moins assurée, malgré l'inertie des corpuscules spermatiques. Ce n'est donc pas par leur propre mouvement que ces corpuscules arrivent à leur destination : une force indépendante les y pousse.

Les cils vibratiles, dont les ondulations entretiennent une certaine agitation à la face interne de la muqueuse génitale, depuis le col de la matrice jusqu'aux franges du pavillon, ont été considérés aussi comme des instruments capables d'opérer le transport de la semence et de pousser les spermatozoïdes vers les ovaires, à la manière de palettes agissant dans un fluide et se transmettant les unes aux autres les particules

(1) Bischoff, *Développ. de l'Homme et des Mamm.* (Encycl. anat.) Paris, 1843 p. VII, p. 563.

que ce fluide tiendrait en suspension. M. J. Muller fonde cette opinion sur ce que, quand on pose, comme l'a fait M. Sharpey, de la poussière de charbon sur le palais d'une Grenouille, les molécules en sont rapidement entraînées vers le gosier, par la propulsion des cils vibratiles dont la muqueuse de cet organe est garnie : d'où la conséquence qu'il doit en être de même pour les corpuscules de la semence sur la muqueuse de l'appareil génital. « Leur progression » jusqu'à cet organe (l'ovaire), dit M. J. Muller, n'a plus besoin » d'explication, depuis la découverte du mouvement vibratile » dans les organes génitaux femelles. Il est facile de se con- » vaincre, chez la Grenouille, de la rapidité avec laquelle ce » mode de propulsion s'accomplit sur les parois des organes, » en répétant l'expérience de Sharpey, qui, après avoir enlevé » la mâchoire inférieure, répandait du charbon en poudre » sur le palais : la poudre marche avec assez de vitesse vers la » gorge, et quelques minutes suffisent souvent pour qu'elle » disparaisse à la vue (1). » Mais ces cils qui, chez le Lapin du moins, ont au col de l'utérus, aux franges du pavillon et dans les trompes, un certain développement, n'existent pas dans le vagin et sont à peine visibles dans la matrice. Ils ne peuvent donc, en ces deux régions, concourir à l'accomplissement du phénomène. Partout ailleurs leur action s'exerce dans des conduits sinueux, souvent enroulés sur eux-mêmes, à parois molles, affaisées, où le déplacement par projection doit nécessairement rencontrer une véritable résistance, à cause de la pression réciproque des parties. D'un autre côté, à en juger

(1) J. Muller, *Man. de physiol.*, trad. franc. par Jourdan, Paris, 1851, T. II, p. 645.

par ce qui se passe sous le foyer du microscope, les ondulations que les cils déterminent, au lieu de pousser vers les ovaires les corpuscules en suspension dans les fluides qui lubrifient la muqueuse des trompes, les dirigent, au contraire, dans le sens opposé. Ils deviendraient, par conséquent, bien plutôt un obstacle qu'un moyen. Du reste, les secousses qu'ils impriment à la poussière de charbon qu'on sème sur la muqueuse génitale, font éprouver à cette poussière de très-légers ébranlements, sans réussir jamais à la déplacer. Comment admettre alors que ce soient là les agents essentiels du transport de la semence ?

Les cils vibratiles ne sauraient avoir ici qu'un usage accessoire. Peut-être sont-ils destinés à brasser le fluide au sein duquel se meuvent les spermatozoïdes, afin que ceux-ci obéissent plus facilement à l'impulsion qui les entraîne. Il y a un point cependant où leur intervention pourrait être plus directe : je veux parler du museau de tanche. Là, surtout chez le Lapin, contrairement à une opinion fort accréditée, ils sont nombreux, longs, actifs, jusque sur le bourrelet saillant dans le vagin. Je serais assez disposé à croire qu'en ce lieu leurs tourbillons tendent à attirer vers la matrice les corpuscules fécondants, de la même manière que les cils vibratiles de la bouche des Polypes précipitent dans l'œsophage les animalcules aquatiques dont ces espèces se nourrissent.

Les contractions vermiculaires de la matrice et des trompes, contractions qui se manifestent avec une grande vivacité sur les Chiennes et les Lapines vivantes ou récemment tuées, semblent, au premier abord, le moyen le plus naturel pour transporter la semence. En les voyant courir d'une extrémité à l'autre de l'appareil génital femelle, on croirait volontiers qu'elles sont destinées à remplir cet office, par un mouvement en sens inverse de celui qu'elles exécutent pour opérer la descente des ovules, comme l'œsophage des ruminants qui, selon les besoins, pousse le bol alimentaire, tantôt de la bouche vers l'estomac, tantôt de l'estomac vers la bouche. Mais une pareille évolution ne saurait être admise que chez les espèces dont les parties sexuelles affectent la forme intestinale. Le col et le corps de la matrice de la femme, par exemple, ne pourraient s'y prêter, surtout dans les cas d'induration ou de squirrhe. Et cependant, malgré l'épaisseur et l'inflexibilité de ces parties, les spermatozoïdes n'y sont pas moins introduits, puisque la fécondation peut s'accomplir.

Elle s'accomplit aussi pendant l'ivresse, la catalepsie, le sommeil, le narcotisme, c'est-à-dire pendant la suspension de l'activité musculaire. Il faut donc que la progression de la semence tienne à une autre cause.

Enfin M. Pouchet a imaginé une explication qui, pour se rapprocher davantage de la vérité, n'en est pas moins sujette à toutes les objections que je viens de faire à la précédente. Il a supposé que, pendant la copulation, un spasme convulsif s'empare des organes génitaux des femelles, les contracte énergiquement, tend à en diminuer la capacité, l'efface complétement, de manière à expulser tout le mucus qu'elle renferme. Puis, à mesure que ce spasme cesse, la matrice et la trompe se dilatent de nouveau, et, en reprenant leur ampleur accoutumée, aspirent la semence (1). Mais le spasme est une participation active et violente de la force musculaire et nous avons vu que la fécondation peut avoir lieu dans des cas de

(1) Pouchet, *Théorie posit. de l'oval. spontané*, etc. Paris, 1847, p. 387.

complète inertie. D'un autre côté, l'expérience démontre positivement que la pénétration des spermatozoïdes dans la cavité utérine, loin d'être un phénomène instantané, comme la plupart des physiologistes sont encore disposés à l'admettre, ne commence à s'accomplir, au contraire, d'une manière lente et successive, qu'une demi-heure après l'émission de la semence. La théorie ne satisfait donc pas à toutes les conditions du problème.

Ce que ni les mouvements progressifs des corpuscules spermatiques, ni les ondulations des cils vibratiles, ni les contractions de la matrice et des trompes, ni leur dilation à la suite d'un spasme supposé ne suffisent à accomplir, la capillarité peut le réaliser avec une permanente précision. Son action indépendante et toujours prête à s'exercer, élève la semence dans les conduits génitaux des femelles, comme elle élève un liquide quelconque en un tube ou entre deux lames de verre, pourvu que la muqueuse lui fournisse l'humidité qui doit servir de véhicule. A cette seule condition, le jeu de ce mécanisme assure le transport des spermatozoïdes qui, du vagin, où le mâle les a déposés, sont forcément conduits aux ovaires. S'ils trouvent au sein de ces organes des œufs *en état d'en subir l'influence*, ils les fécondent. Dans le cas contraire, c'est en pure perte qu'ils y arrivent. Il n'y a pas un seul accouplement, fertile ou non, à la suite duquel ils ne parcourent ce trajet, répartis en deux courants, l'un pour l'oviducte droit, l'autre pour l'oviducte gauche, pénétrant ainsi dans le sein maternel par cette double voie. Il résulte de là que, chez les unipares et chez la femme en particulier, où il n'y a ordinairement qu'un seul des ovaires en travail pour chaque grossesse, celui de ces organes dont la fonction sommeille en reçoit comme celui qui fructifie. L'élément mâle se présente toujours. S'il n'opère pas à chaque coït, c'est que les ovaires ne lui en fournissent pas l'occasion, et si, quand il opère, un seul côté en est impressionné, c'est que l'autre ne se trouve pas en mesure d'en subir utilement l'influence ; mais, à tout événement, il est là toujours prêt à agir, à moins que, pendant son ascension, quelque sécrétion anormale du vagin, de la matrice ou des oviductes, ne frappe, au passage, les spermatozoïdes de stérilité.

Du moment où l'on admet que la progression de la semence peut se réaliser sous l'empire de l'action capillaire, c'est-à-dire par un mécanisme complétement indépendant, tout s'explique avec la plus grande facilité.

On comprend alors comment, dans les classes où le mâle n'introduit pas directement la semence dans le sein maternel, mais la dépose au dehors sur le corps de la femelle, à une certaine distance des ouvertures génitales; on comprend, dis-je, comment, dans ces classes, cette semence est absorbée par les oviductes dès que l'eau spermatisée en amène les particules à l'entrée de ces conduits, comme on le voit chez les Mollusques céphalopodes, chez les Écrevisses, chez les Homards, chez les Langoustes.

On comprend aussi qu'une femme puisse conserver tous les attributs de la virginité et devenir grosse par suite du dépôt de la semence à l'orifice de la vulve et au-devant de la membrane hymen restée intacte; car, pour opérer l'ascension des spermatozoïdes, il suffit, dans ces cas exceptionnels, que la membrane muqueuse crée à l'entrée du vestibule, par l'application de ses propres parois sur elles-mêmes, les conditions de capillarité analogues à celles qui élèvent les liquides entre deux lames accouplées de cristal dont on humecte les bords.

On comprend enfin, par le même motif, que la complète inertie de la matrice et des trompes pendant l'ivresse, la catalepsie, le narcotisme, etc., ne soit point un obstacle à la fécondation, puisque les spermatozoïdes montent dans ces organes comme dans un appareil de physique.

Le principe une fois admis, la possibilité de la fécondation artificielle chez les vertébrés supérieurs en découle comme une conséquence nécessaire. Il doit suffire, pour le succès de la tentative, d'injecter la semence vivante dans le vagin ou dans la matrice au moment opportun, c'est-à-dire quand il y a dans les ovaires des œufs en mesure d'en subir l'influence. Déjà, en ce qui concerne les Mammifères, Spallanzani, depuis près d'un siècle, a résolu le problème par une expérience décisive. Il injecta dans la matrice d'une Chienne en chaleur, au moyen d'une seringue chauffée à 30 degrés Réaumur, 19 grains de semence, émise spontanément par un jeune Chien. Quarante-huit heures après, cette Chienne cessa d'être en rut; au vingt-troisième jour, son ventre se gonfla; au soixante-deuxième, elle mit bas trois petits vivants, deux mâles et une femelle, qui, par leurs couleurs, ressemblaient non-seulement à la mère, mais au mâle qui avait fourni la semence (1).

Ce résultat que Spallanzani annonçait à Bonnet dans une lettre datée du 12 décembre 1780, fut obtenu dans des conditions qui le mettent à l'abri de toute contestation; car, assez longtemps avant d'être soumise à cette épreuve, la femelle

(1) Spallanzani, *Exper. pour servir à l'hist. de la génération*, traduct. franc. par Senebier, Genève, 1785, p. 225.

fut enfermée de manière à n'avoir aucune communication avec les mâles. Elle ne commença à donner des signes de chaleur qu'au treizième jour de réclusion, et c'est au vingt-troisième seulement, quand elle parut désirer ardemment l'accouplement, qu'on injecta la semence. Elle ne fut mise en liberté que vingt-six jours après l'opération, lorsque déjà se manifestaient, à l'extérieur, des signes certains de gestation. L'imprégnation a donc bien réellement ici été l'œuvre de l'artifice auquel on a eu recours pour l'accomplir.

Treize mois plus tard, le 12 janvier 1782, cette intéressante découverte fut confirmée par Pierre Rossi, professeur de logique et de métaphysique à l'Université de Pise. Comme Spallanzani, il séquestra une Chienne âgée de trois ans, qui avait déjà mis bas, mais qui, au moment de sa réclusion, n'était point encore en folie. La porte de la chambre dans laquelle cette Chienne était captive fermait à l'aide de deux clefs différentes, dont l'une fut déposée dans les mains de Nicolas Branchi, professeur de chimie dans la même Université, et dont l'autre resta aux mains de l'expérimentateur, afin que nul ne pût pénétrer dans cette chambre à leur insu.

Le 25 janvier, sept ou huit jours après que la Chienne eût donné des signes évidents de rut, la fécondation artificielle fut tentée dans les conditions prescrites par Spallanzani. Seulement, pour rendre le succès plus certain, la semence fut injectée à trois reprises différentes, le 26, le 28 et le 30 du même mois.

Le 1er février, la Chienne cessa d'être en chaleur. Dès le 26, le développement de son ventre et de ses mamelles annonçant qu'elle était pleine, on la rendit à la liberté, et le

27 mars, soixante-deux jours après la première injection, elle mit bas quatre petits très-vivants, trois mâles et une femelle, semblables au père et à la mère (1).

Cette expérience, dont le succès ne sera un sujet d'étonnement que pour ceux qui ne se font pas une idée exacte du véritable mécanisme de la fécondation naturelle chez les vertébrés supérieurs, me paraît devoir réussir également chez l'espèce humaine. Si jamais on l'exécute, c'est un ou deux jours avant l'invasion des règles ou au moment de leur cessation, qu'il faudra la tenter, parce que la menstruation étant l'analogue du rut, comme nous l'avons déjà dit (2), c'est durant cette période que la semence, artificiellement injectée, aura le plus de chance de rencontrer dans les ovaires des ovules à maturité.

(1) P. Rossi. *Opuscoli scelti*, Milan, 1782, T. V, p. 96.

(2) Voir le 1er volume de cet ouvrage, p. 222.

CHAPITRE V.

DU LIEU OU S'OPÈRE LA FÉCONDATION.

Déterminer par des expériences de précision et non point, comme on l'a fait jusqu'ici, par des inductions ou des hypothèses, quel est, dans le sein maternel, le lieu où s'opère la fécondation, tel est le problème qu'il s'agit de résoudre. Je dis par des expériences de précision, car l'imagination des physiologistes a épuisé sur ce point le champ des possibilités, sans que leurs yeux aient saisi les faits qui mettent la vérité en lumière.

Au fond, ils sont tous partis de cette croyance arbitraire que l'imprégnation pouvait s'accomplir partout où des spermatozoïdes arrivaient vivants au contact des œufs, ne tenant aucun compte, dans leur jugement, de la question de savoir si, pour en subir l'influence, ces œufs n'avaient pas besoin de se trouver, au moment de la rencontre, dans des conditions spéciales dont l'absence les rendrait stériles.

L'oubli de cet élément essentiel du problème les a mis dans l'impossibilité d'en trouver la solution, ou de faire prévaloir aucun système. Aussi les voit-on se partager entre des opinions bien différentes.

Les uns soutiennent que la fécondation doit avoir lieu dans la matrice, parce qu'ils n'ont pu voir les spermatozoïdes s'élever plus haut; les autres dans les oviductes, parce qu'ils les ont suivis le long de ces canaux; les autres dans les ovaires, parce qu'ils les ont trouvés sur ces organes. D'autres, enfin, supposent qu'elle peut s'accomplir tantôt dans les ovaires, tantôt dans les oviductes, tantôt dans la matrice, suivant que le rapprochement des sexes s'opère avant, pendant ou après la déhiscence. Mais il ne suffit pas, pour l'efficacité de leur contact, que les œufs et la semence se rencontrent sur un point quelconque des canaux vecteurs, il faut surtout qu'ils se trouvent, au moment de leur jonction, dans des conditions d'aptitude réciproque. Or, l'expérience démontre que le germe se dégrade quand les œufs, tombés spontanément des ovaires, s'engagent dans les oviductes sans imprégnation préalable. Il ne peut donc y avoir dans le sein maternel de lieu où la fécondation soit possible que celui où l'intégrité de ce germe n'a encore subi aucune atteinte. La question se réduit dès lors à savoir où cette dégradation commence.

Nos recherches sur les Oiseaux et sur les Mammifères ne laissent aucun doute à ce sujet. Voici d'abord ce que j'ai observé sur des œufs provenant de Poules qui vivaient dans une basse-cour où il n'y avait pas de Coq.

Première observation : Sur un œuf d'une Poule non cochée, pris à l'extrémité inférieure de l'oviducte au moment de la ponte, c'est-à-dire vingt heures environ après sa chute de l'ovaire, j'ai trouvé la cicatricule tellement altérée, que la plus grande partie de sa substance, dégénérée en gouttelettes muqueuses transparentes, avait l'aspect d'un crible. Elle n'offrait aucune trace de la segmentation qui donne au germe fécondé une organisation si caractéristique (1).

Deuxième observation : Sur un œuf d'une Poule non cochée, pris dans le compartiment de l'oviducte où se forme la coquille au moment où il y arrivait, c'est-à-dire dix ou douze heures après sa chute de l'ovaire, j'ai trouvé les mêmes signes d'altération que dans le précédent. Seulement, les gouttelettes dans lesquelles la substance du germe dégénère, y étaient moins multipliées, moins volumineuses, parce que le travail de décomposition n'avait pas encore eu le temps de faire d'aussi grands ravages. Il n'y avait ici, comme dans la première observation, nulle trace de segmentation.

Troisième observation : Sur un œuf d'une Poule non cochée, pris dans le milieu de la longueur de l'oviducte, c'est-à-dire quatre ou cinq heures seulement après sa chute de l'ovaire, la substance de la cicatricule n'avait point encore commencé à se résoudre en gouttes albumineuses; mais la régularité de son contour était visiblement altérée, et la cohésion de ses molécules constituantes sensiblement affaiblie, comme j'en pouvais juger par comparaison avec une autre cicatricule qu'une fécondation préalable avait préservée et qui, à cause de cette fécondation, présentait une segmentation en quatre, dont la première ne portait aucun vestige.

Quatrième observation : Sur un œuf d'une Poule non cochée, pris à l'extrémité supérieure de l'oviducte, c'est-à-dire

(1) Voir dans l'atlas, pour apprécier le contraste entre les deux états, les figures 6 et 7 de la planche I, et 6, 7, 8, etc. de la planche II (Poule).

immédiatement après sa chute de l'ovaire, la cicatricule semble ne différer en rien de celle qui a subi l'influence du mâle. Sa vésicule germinative s'y est évanouie et y a laissé également son contenu, comme si le germe était appelé à un développement ultérieur. En sorte que, à en juger seulement par les apparences, on pourrait croire que ce germe conserve encore toutes ses aptitudes pendant le rapide passage de l'œuf à travers la première partie du canal vecteur. Mais les réactions invisibles qui, en quatre ou cinq heures, altèrent profondément sa substance lorsqu'on laisse le travail de décomposition suivre naturellement son cours dans le sein maternel, doivent nécessairement y exercer leur empire bien avant que leurs effets ne se traduisent en une dégradation palpable. Elles le frappent donc d'une subite stérilité aussitôt après qu'il se détache de l'ovaire, et il faut remonter jusqu'à cet organe pour trouver le siège normal de la fécondation ; car si, par exception, ce mystérieux phénomène s'accomplit jamais dans l'oviducte, ce ne peut être qu'au moment presque insaisissable du passage de l'œuf à travers le pavillon. J'en trouve la preuve dans des expériences d'un autre ordre.

Je me suis assuré, par de nombreuses recherches, que, chez la Poule, les spermatozoïdes mettent douze heures pour arriver de l'entrée de l'oviducte, où le mâle les dépose, jusqu'à l'ovaire, où ils se rendent à la suite de chaque accouplement.

Je me suis également assuré que, chez les Poules qui pondent régulièrement tous les deux jours, à midi par exemple, il y a un nouvel œuf qui se détache de l'ovaire le lendemain vers cinq ou six heures du matin, c'est-à-dire dix-huit heures environ après la dernière ponte.

Ces deux faits étant acquis, j'ai pris soin, dans une basse-cour où je conservais depuis longtemps un grand nombre de Poules séparées du Coq, j'ai pris soin, dis-je, que l'accouplement eût toujours lieu douze heures avant la déhiscence probable. Les molécules fécondantes, grâce à cet artifice, avaient donc chance, dans chaque sujet soumis à cette épreuve, d'arriver vers le haut de l'oviducte quand l'œuf de la prochaine ponte s'y était déjà engagé. Or, toutes les fois que l'expérience s'est accomplie dans les conditions dont il s'agit, le premier œuf pondu a toujours été stérile, tandis que les cinq ou six autres qui venaient après, étaient féconds, bien qu'il n'y eût pas de second accouplement. Ce premier œuf était resté complétement indifférent au contact de la semence qui, nécessairement, avait dû passer sur lui pour aller influencer ceux de l'ovaire. C'est donc dans ce dernier organe que, normalement, chez la Poule, et par conséquent chez les Oiseaux, se fait la fécondation.

Chez les Mammifères, l'expérience n'est pas aussi facile à conduire parce que, en général, les femelles ne sont disposées à s'accoupler qu'au moment même où il y a dans leurs ovaires des œufs en état d'imminente maturation. Aussitôt que ces œufs ont rompu leurs capsules et sont tombés dans le canal vecteur, l'excitation causée par le travail ovarien cessant, elles résistent tout à coup aux entreprises des mâles, dont quelques heures auparavant elles sollicitaient les approches. On ne peut donc pas, dans cette classe, opérer à son gré comme chez les Poules, qui se prêtent à l'expérimentation pendant toute la saison des pontes. Cependant, à force de multiplier les épreuves, on finit par rencontrer des femelles chez lesquelles, par exception, l'ardeur sexuelle survit à la déhiscence, ou qui subissent l'accouplement par contrainte, bien qu'elles ne soient plus en chaleur. Les spermatozoïdes font alors leur ascension, comme de coutume, et quel que soit le point où ils rencontrent les œufs, soit dans la matrice, soit dans les oviductes, ils passent sur eux sans pénétrer l'albumen qui les entoure, sans exercer aucune action sur le germe. Malgré leur présence, ce germe, loin de montrer le signe caractéristique de cette période du développement, c'est-à-dire les phénomènes de la segmentation, reste dans la plus complète inertie, ou entre en une visible décomposition.

Je puis citer deux remarquables exemples de la stérilité dans laquelle tombent les œufs des Mammifères, lorsqu'ils quittent les ovaires sans fécondation préalable.

Première observation : Une Lapine dont on avait prolongé le rut au delà d'une semaine, en mettant obstacle à l'accouplement lorsqu'il était sur le point de s'accomplir, et en la séquestrant ensuite, fut enfin laissée au mâle dès qu'elle commença à se dérober à ses poursuites. La résistance qu'elle opposa au rapprochement pendant le premier quart-d'heure, me faisait désespérer du succès de l'expérience que j'avais en vue, lorsque, cependant, elle céda. Douze heures après l'accouplement je la fis tuer et l'ouvris. Ses œufs, à en juger par la place qu'ils occupaient, et par l'état des capsules ovariennes qui les avaient émis, devaient, au moment de l'accouplement, être tombés depuis cinquante heures environ, et être arrivés vers l'extrémité inférieure de l'oviducte. Je les trouvai, en effet, au nombre de quatre de chaque côté, à l'extrémité supérieure des cornes, point qu'ils n'atteignent ordinairement que vers la fin du troisième jour, ou vers le commencement du quatrième. Des myriades de corpuscules spermatiques, s'agitant avec vivacité au sein du fluide que renfermaient les cavités utérines, les entouraient de toutes parts; et, cependant, l'épaisse zone d'albumen dont ils s'étaient enveloppés dans leur passage à travers les trompes n'en avait laissé pénétrer aucun. Les couches superficielles de cette substance translucide en étaient aussi complétement dépourvues que les couches profondes : la membrane vitelline, à plus forte raison, n'en offrait-elle pas de trace. Quant à leur contenu, il était impossible d'y découvrir les signes d'un travail normalement accompli. Sur quelques-uns de ces œufs, les granules vitellins étaient comme désagrégés et disséminés dans la cavité de la membrane vitelline; sur d'autres, ces granules, condensés en une masse informe, paraissaient avoir dégénéré en vésicules transparentes, grandes et petites, n'ayant absolument aucun des caractères que présentent les sphères organiques provenant d'une segmentation régulière après fécondation. Je n'avais évidemment sous les yeux que le résultat d'une décomposition profonde, dont on pouvait faire remonter l'origine à une époque bien antérieure à celle de l'accouplement.

Deuxième observation : Une autre Lapine, tenue en charte privée depuis sa naissance, et qu'on n'avait pas laissé saillir pendant l'acuïté du rut, fut livrée au mâle lorsqu'elle commença à lui résister. Après deux accouplements successifs qu'elle finit par subir, je la fis isoler et la sacrifiai au bout de seize heures.

Les trompes furent ouvertes longitudinalement du pavillon vers les cornes utérines et examinées avec soin dans toute leur étendue. Sur celle du côté droit, quatre œufs seulement purent être découverts, bien que l'ovaire correspondant montrât cinq corps jaunes. Ils étaient à peu de distance les uns des autres, vers le milieu de l'oviducte, dans le point où cet organe, devenu plus étroit, commence à avoir des plis moins saillants et moins foliacés. Tous ces œufs étaient déjà recouverts d'une couche d'albumen, dont l'épaisseur correspondait à celle qu'offrent généralement des œufs tombés depuis environ vingt-cinq ou trente heures. Leur déhiscence, d'après ce caractère, avait dû précéder l'accouplement de douze ou quinze heures au moins, et leur rencontre avec les Spermatozoïdes s'était probablement faite un peu au-dessus du lieu où je les voyais. La trompe du côté gauche ne renfermait que deux œufs. Ils étaient situés à la même hauteur que les précédents, et n'en différaient sous aucun rapport.

L'albumen qui enveloppait les œufs, tant de l'utérus droit que de l'utérus gauche, n'avait été pénétré par aucun des nombreux corpuscules spermatiques avec lesquels ces œufs étaient en contact depuis cinq ou six heures. La couche la plus superficielle, celle qui s'était formée depuis l'arrivée de ces corpuscules, en était seule pourvue, et ni les couches voisines de la membrane vitelline, ni la membrane vitelline elle-même n'en offraient le plus léger vestige.

Quant au vitellus, au lieu d'une segmentation en deux ou en quatre qu'il aurait dû présenter, il n'avait subi, dans la plupart des ovules, d'autre modification que celle qui se produit indistinctement sur tout œuf, imprégné ou non, qui vient de quitter l'ovaire ; modification qui consiste dans le rapetissement du globe vitellin, par suite d'une condensation des éléments qui le composent. Aucun travail de développement ne s'y était donc opéré : je pourrais plutôt dire qu'il était déjà le siége d'une altération, exprimée par l'apparition des grandes vésicules transparentes et anomales dont j'ai parlé dans l'observation précédente.

Les Spermatozoïdes, quand l'œuf est enveloppé d'albumen, ne peuvent donc pénétrer jusqu'à la membrane vitelline et, par conséquent, jusqu'au germe ; et ce germe, lorsque l'élément mâle n'arrive pas à temps pour le vivifier, devient le siége d'une décomposition qui se manifeste assez haut dans les trompes.

La conséquence à déduire de ces faits, c'est que la fécondation, chez les Mammifères, doit, comme chez les Oiseaux, s'accomplir normalement dans les ovaires, et que *si elle a lieu quelque part dans l'oviducte,* ce ne peut être que dans le quart supérieur de ce canal et dans le pavillon qui le termine: elle est impossible dans tout le reste de son étendue, et, à plus forte raison, dans les cornes utérines.

Cette démonstration, qui repose sur un ensemble d'expériences décisives, est-elle également applicable à l'espèce humaine ?

Les grossesses abdominales, dont, au reste, ces expériences donnent l'explication, ne me paraissent laisser aucun doute à ce sujet. Elles prouvent, par leur répétition malheureusement trop fréquente, que, chez la femme aussi, la semence monte jusqu'aux ovaires et peut y exercer son influence, puisqu'en ces redoutables occasions, les ovules passent fécondés du sein de ces organes dans la cavité péritonéale.

Je conclus donc, en prenant les grossesses abdominales pour argument direct, et l'analogie pour confirmation, que, chez l'espèce humaine, les ovaires, peut-être les pavillons et l'extrémité libre des trompes dans une étendue de trois centimètres environ, sont, comme chez les Mammifères, comme chez les Oiseaux, le véritable siége de l'imprégnation. C'est une loi à laquelle sont soumises probablement toutes les espèces à fécondation interne.

On sera d'autant plus disposé à se rattacher à cette idée et à considérer l'ovaire comme le théâtre normal de la fécondation, qu'on approfondira davantage le phénomène dans les classes où une copulation actuelle opère, par anticipation, sur une génération éloignée ou sur une succession de générations. Là, on ne peut pas dire que la semence introduite dans les oviductes y attende la descente des œufs pour les féconder, car il faudrait supposer qu'elle s'y conserve vivante, chez certaines espèces, pendant plus d'une année, et l'expérience prouve qu'il n'en reste plus de trace bien longtemps avant la déhiscence. Il faut donc qu'elle aille, dès le principe, ou peu de temps après son émission, imprégner la substance même des organes dans lesquels germent lentement les portées invisibles et lointaines qu'elle doit y rencontrer.

Nous avons vu, M. Gerbe et moi, dans l'un des casiers du laboratoire de Guillou, à Concarneau, un grand nombre de Crabes communs (*Cancer mœnas*, Linn.), s'accoupler immédiatement après la mue. A mesure que les femelles avaient subi les approches du mâle, nous les séquestrions dans un autre compartiment, où une nourriture abondante leur était chaque jour distribuée, afin qu'elles pussent y vivre en de bonnes conditions. Plusieurs d'entre elles ayant été ouvertes au moment de la copulation, nous eûmes la surprise de trouver leurs ovaires tellement atrophiés que nous aurions volontiers pris le fait pour une exception si, en répétant un grand nombre de fois l'expérience, et en prenant des sujets librement accouplés sur le rivage, nous n'avions acquis, par comparaison, la certitude qu'il s'agissait bien réellement de l'état normal. Des ovules microscopiques, difficiles à distinguer à l'œil nu à cause de leur extrême petitesse, formaient, au sein de ces ovaires vides et flétris, la future portée que la semence, déjà introduite dans l'oviducte, allait imprégner. Six semaines plus tard, cette semence est complétement résorbée, et cependant les ovules n'ont presque pas encore augmenté de volume. Ce n'est qu'au quatrième mois que leur maturité commence et que la ponte a lieu. Ils ont donc été fécondés de très-bonne heure dans les ovaires, qui sont manifestement ici le siége exclusif de la fécondation.

Il y a des espèces, parmi les Crustacés, chez lesquelles un même accouplement féconde deux générations à la fois. Dans ce cas, la première portée, qui est en voie de maturation dans les ovaires, se détache après l'imprégnation et, comme de coutume, passe sous la queue de la femelle pour y subir plusieurs mois d'incubation. Pendant qu'elle y poursuit son développement, la seconde génération, qui, au moment du rapprochement des sexes, formait, sous la première, une couche invisible, mûrit à son tour, tombe dans les oviductes sans autre accouplement, et vient s'attacher aux appendices abdominaux au moment où les derniers œufs de la gestation précédente achèvent d'y éclore : c'est ce que nous avons constaté sur douze femelles de Maïa (*Maïa squinado* d'Herbst.), retenues captives dans le laboratoire du pilote Guillou, et séparées de tout mâle. L'imprégnation ne peut évidemment s'accomplir ici qu'au sein des ovaires et dans la profondeur de leur tissu, puisqu'elle n'y atteint la seconde portée qu'à travers la première.

Chez les Gallinacés, les Palmipèdes et probablement chez la plupart des Oiseaux, l'accouplement qui féconde dans l'ovaire le premier œuf mûr dont la chute est imminente, y imprègne en même temps un certain nombre de ceux qui, avant d'arriver à maturité, auront encore à séjourner au sein de cet organe, et à y grandir en proportion de leur degré d'accroissement au moment du coït. Les anciens, s'en rapportant à une croyance commune, admettaient que ce nombre était considérable ; qu'il comprenait tout ce qu'une femelle pond pendant l'année. Dans leur opinion, une Poule qui, à la suite d'un ou de plusieurs rapprochements successifs, avait donné et fait éclore une première couvée, pouvait, dans la même année, fournir d'autres couvées tout aussi fécondes, sans nouvelle intervention du Coq.

Cette assertion, dont la plupart des auteurs ont coutume d'attribuer l'initiative à Aristote, n'a pu lui être imputée que par une interprétation inexacte des textes ; car, dans les cinq livres qu'il nous a laissés sur la génération, le philosophe grec n'a rien dit de bien explicite à ce sujet, et le seul passage cité comme étant l'expression de sa pensée sur ce point, a trait, non pas à la fécondation des œufs, mais seulement à leur développement spontané dans l'ovaire, et à l'influence du mâle pour en augmenter le volume. *Omnino in avium genere, ne ea quidem ova quæ per coitum oriuntur possunt magna ex parte augeri, nisi coitus avis continuetur. Cujus rei causa est quod ut in mulieribus coitu maris detrahitur mensium excrementum (trahit enim humorem uterus tepefactus, et meatus aperiuntur), sic in avibus evenit, dum paulatim mens-*

truum excrementum accedit, quòd foras decedere non potest, quoniam palam est et superne ad cinctum continetur, sed in uterum ipsum collabitur. Hoc enim ovum augetur, sicut fœtus viviparorum, eò quod per umbilicum affluit. Nam cùm semel aves coierunt, omnia ferè ova semper habere perseverant, sed parva admodum. Quamobrem de subventaneis dicere non solent oriri sponte, sed reliquias esse prægressi coitus: quod falsum est. Satis enim conspectum est in novella, tum gallina, tum ansere gigni sine coitu (1).

Il faut arriver au commencement du XVIIe siècle pour voir cette opinion s'introduire dans la science avec les travaux de Fabrice d'Aquapendente sur la formation de l'œuf et du Poulet. Cet auteur est le premier, en effet, qui ait fait mention de la faculté qu'a la Poule, séparée du Coq après l'accouplement, de pondre des œufs féconds durant dix ou douze mois. Il en parle, il est vrai, non pas comme d'un fait acquis par des expériences directes et multipliées, mais comme d'une croyance généralement répandue de son temps dans le vulgaire, croyance qu'il adopte du reste complétement. « *Mea opinio est,* » dit-il, « *Galli semen in » uteri principium immissum et jactum, efficere totum » uterum, et simul quoque omnes vitellos eò cadentes, ac » totum denique ovum fœcundum...* » et quelques lignes plus bas : « *Sed quòd omnino verum sit, virtutem fœcun- » dandi tota ova, et quoque uterum à semine Galli pro- » venire, patet ex eò, quod mulieres agunt, quæ gallinam » domi Gallo destitutam habentes, eam per unum, atque*

(1) Aristote, *De generat. anim.* T. Gaza int. Parisiis, 1533, Lib. III, Cap. 1, F° 26.

» *alterum diem alibi Gallo committunt : ex hoc enim exiguo* » *tempore succedit ovorum omnium fœcunditas per totum* » *illud anni tempus* (1). »

En cherchant la raison d'une fécondation aussi excessive, le physiologiste de Padoue crut la trouver dans la présence d'un organe particulier qu'il venait de découvrir chez la Poule, à l'extrémité postérieure et supérieure du rectum; organe que l'on a désigné, depuis, sous le nom de *bourse de Fabricius*. Dans sa pensée, la semence du Coq, reçue par cette bourse au moment de l'accouplement, y restait en réserve, s'y conservait, comme dans les vésicules séminales du mâle, sans rien perdre de sa vertu prolifique pendant une année entière, et exerçait successivement son action sur les œufs qui étaient aptes à la recevoir (2).

Comme Fabrice d'Aquapendente, Harvey crut à la possibilité d'une fécondation en quelque sorte illimitée, par un seul accouplement, et il s'en est exprimé, dans plusieurs chapitres de son traité sur la *Génération des animaux*, d'une manière bien plus explicite que son devancier. Pour Harvey, la semence du Coq a une vertu telle qu'elle rend fécond non-seulement l'oviducte, mais encore les œufs contenus dans cet oviducte et dans les capsules de l'ovaire; toute la Poule enfin, aussi bien les œufs qui bourgeonnent à peine, que ceux qui sont en partie formés. « *Diximus autem, Galli* » *semen tantæ virtutis esse, ut non uterum modo, sed et* » *ovum in utero, in ovario pabulam, totam denique Gal-* » *linam ipsam, pabulas et ovorum primordia partim jam*

(1) Fabrice d'Aquapendente, *Opera anatom. — De format. ovi et pulli*; Patavii, 1625, in-fol., p. 37.

(2) Fabrice d'Aquapendente, même ouvrage, p. 39.

» *habentem, partim mox producturam, fœcundam ac proli-*
» *ficam reddat (1),* » et plus loin : « ... *Ita quoque Gallus*
» *aliquot suis compressionibus, non modo ovum in utero, sed*
» *totum etiam ovarium, Gallinamque ipsam (ut sæpe dictum*
» *est) prolificum reddat* » (2).

Cette opinion résultait pour Harvey non plus d'un préjugé vulgaire, mais de l'observation directe. En effet, après avoir rappelé ce qu'avance Fabrice d'Aquapendente de la vertu prolifique de la semence du Coq, de la durée de la fécondation chez une Poule qui n'a subi que quelques rapprochements, il ajoute : « *Idque egomet etiam,*
» *experientia edoctus, ex parte affirmare possum : nempe*
» *vicesimum ovum à Gallina (post hujus à Gallo divor-*
» *tium) proveniens, fuisse fœcundum et prolificum* » (3).

Exprimée avec autant d'insistance et de conviction, présentée par un expérimentateur auquel ses immortelles découvertes en physiologie avaient donné une grande et légitime autorité scientifique, une telle opinion ne pouvait que prévaloir et se propager. Aussi la retrouve-t-on dans la plupart des auteurs qui, après lui, ont traité de la génération ou de l'histoire naturelle des animaux. Mais tandis que les uns, tels que A. Deusingius (4), Haller (5), Dionis Sterre (6) l'accep-

(1) Harvey, *Exercitat. de generat. animal.* Amstelodami, 1651, in-32, Exercit. XXXIX, p. 219.

(2) Harvey, Même ouvrage, Exercit. XL, p. 224.

(3) Harvey, Même ouvrage, Exercit. XL, p. 223.

(4) *Genesis microscomi, seu de generat. fœtus in utero;* Amstelodami, 1665, in-32, p. 27.

(5) *Elementa physiologiæ,* Berne, 1776, in-4, T. VIII, p. 52.

(6) *Tract. novus de generat. ex ovo ;* Amstelodami, 1687, in-18, p. 10.

taient sans examen et comme l'expression d'un fait irrévocablement acquis; d'autres, à l'exemple d'Antoine Éverard, ne la reproduisaient qu'après l'avoir soumise à de nouvelles expériences. « J'ai acquis la preuve, dit ce dernier, qu'une Poule cochée une seule fois pond *trois œufs féconds*. » Mais un pareil résultat, trop en désaccord avec tout ce qu'on avait avancé à ce sujet, était sans doute pour Éverard de nulle importance, car il s'empresse de faire la part de l'opinion dominante, et ajoute : qu'à la vérité, chez les Poules d'Afrique (1), un seul rapprochement, comme chacun peut s'en assurer, imprègne trente œufs et même davantage. « *In Gallis » verò Africanis ova etiam triginta vel plura post unicum » coitum imprægnari, experiri unicuique licet* (2). »

Parmi les auteurs français qui paraissent avoir partagé les sentiments des écrivains dont je viens de parler, je me bornerai à citer l'un de nos plus illustres naturalistes. Buffon, dans son histoire du Coq, dit que, « lorsqu'une fois le mé- » lange (des liqueurs séminales des deux sexes) a eu lieu, les » effets en sont durables (3), » et, à ce propos, il cite les observations de Harvey. Mais, comme si ces observations avaient à ses yeux un cachet d'exagération, Buffon croit

(1) Éverard désigne sans doute ici la Pintade, à laquelle tous les auteurs anciens, depuis Varron, ont donné le nom vulgaire de *Gallina africana*. Cependant aucun des naturalistes qui, soit avant, soit après lui, ont écrit l'histoire de cet Oiseau, n'a fait allusion au cas exceptionnel dont il ne parle probablement que d'après le rapport d'autrui; car il ne dit pas qu'il ait entrepris lui-même des expériences à ce sujet comme il l'avait fait pour la Poule.

(2) A. Éverard, *Novus et genuinus hominis brutique animalis exortus*, Medioburgi, 1661, in-32, p. 29.

(3) Buffon, *Hist. nat. des Oiseaux*. Paris, 1771, in-4, T. II, p. 74.

devoir modifier le texte du physiologiste anglais, et borner la fécondité des œufs au *vingtième jour*, au lieu de l'étendre, comme Harvey, au *vingtième œuf* pondu après la séquestration de la Poule. Ce qui démontrerait encore que Buffon conservait des doutes sur la valeur d'une opinion qu'il adoptait cependant en partie, c'est qu'il avoue qu'on « ne sait » pas encore quelle doit être précisément la condition d'un » œuf pour qu'il puisse être fécondé, ni jusqu'à quelle dis- » tance l'action du mâle peut s'étendre (1). »

Enfin, de nos jours, l'un des physiologistes les plus érudits de l'Allemagne, Burdach, admettant comme démontré par les observations de Harvey que, chez la Poule séquestrée après l'accouplement, le vingtième œuf est encore fécond, donne ce résultat comme exemple d'une fécondation étendant ses effets jusqu'à la deuxième portée, et en fait le fondement d'une proposition générale (2).

Les nombreuses expériences que j'ai faites pour déterminer quel est, chez les Oiseaux, le lieu où s'opère l'imprégnation, vont nous mettre en mesure d'apprécier ce qu'a de fondé une opinion à laquelle se sont ralliés, durant deux siècles, les hommes qui ont le plus illustré les sciences naturelles.

Première expérience. — Le 9 mai 1848, je fis éloigner du Coq avec lequel elle vivait, une Poule pondeuse. Les œufs qu'elle donna après son isolement furent soumis à l'incubation et fournirent le résultat exprimé dans le tableau qui suit :

(1) Buffon, *Hist. nat. des Oiseaux*, Paris, 1771, in-4°, T. II, p. 82.

(2) Burdach, *Traité de physiol.*, trad. franç. par Jourdan. Paris, 1838, T. II, p. 241.

DATE DES PONTES.	ŒUFS DANS L'ORDRE OU ILS ONT ÉTÉ PONDUS.	ÉTAT DES ŒUFS.
11 mai.......	.....1er œuf........	*fécond.*
14 »	.....2e »	*fécond.*
20 »	.....3e »	*fécond.*
24 »	.....4e »	*fécond.*
27 »	.....5e »	*fécond.*
28 »	.....6e »	infécond.
30 »	.....7e »	infécond.
31 »	.....8e »	infécond.
Depuis la séquestration de la Poule jusqu'à la ponte du dernier œuf fécond il s'est écoulé :		18 jours.

Deuxième expérience. — Lorsqu'il fut bien constaté que la ponte ne produisait plus que des œufs inféconds, la Poule fut remise au mâle le 4 juin, et séquestrée le même jour, après plusieurs accouplements. Voici le résultat :

DATE DES PONTES.	ŒUFS DANS L'ORDRE OU ILS ONT ÉTÉ PONDUS.	ÉTAT DES ŒUFS.
5 juin.....	.....1er œuf........	*fécond.*
7 »	.....2e »	*fécond.*
9 »	.....3e »	*fécond.*
11 »	.....4e »	infécond.
13 »	.....5e »	*fécond.*
15 »	.....6e »	*fécond.*
Depuis la séquestration de la Poule jusqu'à la ponte du dernier œuf fécond, il s'est écoulé:		11 jours.

Troisième expérience. — Cette Poule se reposa du 15 au 27 juin. Les œufs, au nombre de quatre, qu'elle pondit ensuite, ayant offert des caractères manifestes de stérilité, je la fis livrer une troisième fois au Coq, après sa dernière ponte du 6 juillet. Deux accouplements presque successifs eurent lieu dans la matinée du 7, et, le même jour, on l'isola. Une nouvelle série d'œufs donna le résultat suivant :

DATE DES PONTES.	ŒUFS DANS L'ORDRE OU ILS ONT ÉTÉ PONDUS.	ÉTAT DES ŒUFS.
7 juillet ...	.....1er œuf.........	infécond.
17 »	.....2e »	*fécond*.
19 »	.....3e »	*fécond*.
20 »	.....4e »	*fécond*.
22 »	.....5e »	*fécond*.
23 »	.....6e »	*fécond?* (1).
25 »	.....7e »	infécond.
26 »	.....8e »	infécond.
29 »	.....9e »	infécond.
31 »	....10e »	infécond.
2 août	....11e »	infécond.
3 »	....12e »	infécond.
Depuis la séquestration de la Poule jusqu'à la ponte du dernier œuf fécond, il s'est écoulé :		17 jours.

(1) Cet œuf, après trois jours d'incubation, n'offrait pas de trace d'embryon; mais sa cicatricule était plus étendue que celle des œufs qui n'ont pas subi l'influence du mâle. Ce caractère indiquant un commencement de développement et, par conséquent, une imprégnation préalable, j'ai dû le conserver, quoique avec doute, dans la série des œufs féconds.

Quatrième expérience. — Les œufs ayant cessé d'être féconds, je fis porter une quatrième fois au mâle, le 5 août, la même Poule, et la fis séquestrer le 6, après qu'elle eut été cochée à trois reprises différentes. Mais l'expérience donna un résultat négatif : la Poule suspendit ses pontes jusqu'au 12 septembre, et depuis ce moment jusqu'au 26 du même mois, elle ne produisit plus que cinq œufs qui, tous, furent stériles.

Cinquième expérience. — Une autre Poule pondeuse, que j'avais fait isoler dans le but de continuer mes recherches sur la durée de la fécondation, fut mise en rapport avec un Coq le 19 mars 1850. Cette fois je voulais constater quel serait le pouvoir d'une seule approche. En conséquence, je fis retirer la Poule aussitôt après qu'elle eut subi un premier accouplement, et le résultat fut celui-ci :

DATE DES PONTES.	ŒUFS DANS L'ORDRE OU ILS ONT ÉTÉ PONDUS.	ÉTAT DES ŒUFS.
21 mars....	.....1er œuf........	infécond.
22 »	.....2e »	*fécond.*
31 »	.....3e »	*fécond.*
2 avril.....	.....4e »	*fécond.*
6 »	.....5e »	infécond.
9 »	.....6e »	infécond.
11 »	.....7e »	infécond.
12 »	.....8e »	infécond.
Depuis la séquestration de la Poule jusqu'à la ponte du dernier œuf fécond, il s'est écoulé :		14 jours.

Sixième expérience. — Quoiqu'il me fût démontré par là que, chez les Poules cochées une seule fois, la fécondation était à aussi long terme que chez celles dont les rapports avec le mâle avaient été fréquents, je voulus cependant confirmer ce fait par une deuxième expérienee. Je mis donc de nouveau cette Poule au Coq le 12 avril, et la fis isoler après un seul accouplement. Le résultat fut des plus concluants.

DATE DES PONTES.	ŒUFS DANS L'ORDRE OU ILS ONT ÉTÉ PONDUS.	ÉTAT DES ŒUFS.
13 avril....	.....1er œuf........	*fécond.*
16 »	.....2e »	*fécond.*
19 »	.....3e »	*fécond.*
21 »	.....4e »	*fécond.*
22 »	.....5e »	*fécond.*
24 »	.....6e »	*fécond.*
25 »	.....7e »	*fécond.*
26 »	.....8e »	infécond.
28 »	.....9e »	infécond.
1er mai.....	....10e »	infécond.
2 »	....11e »	infécond.
4 »	....12e »	infécond.
10 »	....13e »	infécond.
Depuis la séquestration de la Poule jusqu'à la ponte du dernier œuf fécond, il s'est écoulé :		13 jours.

Septième expérience. — Pendant que je faisais ces observations sur les Poules, j'avais aussi en expérience deux femelles de Canard domestique, que je tenais éloignées du mâle avec lequel elles avaient jusqu'alors vécu. Je voulais constater si les résultats que les Gallinacés polygames me fournissaient ne se reproduiraient pas chez des espèces d'un autre ordre, à mœurs également polygames. Une première série d'œufs que pondirent ces Canes après qu'elles furent séparées du mâle, me donna la certitude qu'un seul accouplement suffit aussi pour imprégner plusieurs de leurs ovules. L'on peut en juger par le tableau suivant :

DATE DES PONTES.	ŒUFS DANS L'ORDRE OU ILS ONT ÉTÉ PONDUS.	ÉTAT DES ŒUFS.
22 avril.....	...1° 1 œuf........	*fécond*.
23 »	...2° 1 »	*fécond*.
24 »	...3° 2 »	*féconds*.
25 »	...4° 1 »	*fécond*.
27 »	...5° 2 »	*féconds*.
28 »	...6° 2 »	*féconds*
7 mai.....	...7° 1 »	infécond.
9 »	.. 8° 1 »	infécond.
10 »	...9° 1 »	infécond.
11 »	..10° 1 »	infécond.
12 »	..11° 2 »	inféconds.
Depuis la séquestration des Canes jusqu'à la ponte des derniers œufs féconds, il s'est écoulé:		7 jours.

Je rapporterai deux dernières expériences faites aux environs de Paris, pendant les mois de juillet et d'août 1848, non plus avec des sujets isolés, mais avec un troupeau de quinze Poules, nourries et élevées dans une vaste basse-cour, close de toutes parts.

Huitième expérience. — Le 5 juillet, le Coq qui avait jusque-là vécu en liberté au milieu du troupeau dont il faisait partie, fut pris et enfermé dans une volière. Toute communication avec les Poules lui était donc interdite. Les œufs que celles-ci pondirent depuis furent chaque jour recueillis, étiquetés, et mis en incubation. Voici le tableau de ces récoltes successives et de leur résultat au point de vue qui nous occupe.

DATE DES PONTES.	ŒUFS DANS L'ORDRE OU ILS ONT ÉTÉ PONDUS.	ÉTAT DES ŒUFS.
6 juillet ...	...1° 4 œufs, dont :	4 *féconds.*
7 »	...2° 5 » » ..	5 *féconds.*
8 »	...3° 7 » » ..	6 *féconds* 1 infécond.
9 »	...4° 6 » » ..	5 *féconds* 1 infécond.
10 »	...5° 4 » » ..	4 *féconds.*
11 et 12 »	...6° 10 » » ..	9 *féconds* 1 infécond.
14 »	...7° 7 » » ..	4 *féconds* 3 inféconds.
15 »	...8° 4 » » ..	3 *féconds* 1 infécond.
16 »	...4° 5 » » ..	4 *féconds* 1 infécond.
17 »	...9° 4 » » .	1 *fécond* 3 inféconds.
18 »	..10° 4 » » ..	1 *fécond* 3 inféconds.
19 »	..11° 5 » » ..	1 *fécond* 4 inféconds.
20 et 21 »	..12° 7 » » ..	2 *féconds* 5 inféconds.
22 »	..13° 3 » » ..	.... inféconds.
23 »	..15° 3 » » ..	.... inféconds
24 »	..16° 4 » » ..	.... inféconds
25 »	..17° 3 » » ..	.... inféconds.
Depuis l'éloignement du Coq, jusqu'à la ponte des derniers œufs féconds, il s'est écoulé :		16 jours.

Neuvième expérience. — Du 22 juillet au 5 août, tous les œufs ayant manifesté des caractères de stérilité, le Coq fut remis dans la basse-cour, et, pour assurer la fécondation, on le laissa trois jours avec les Poules. Dès le premier, toutes furent cochées; la plupart, même, subirent plusieurs fois ses approches. Les deux jours suivants les accouplements s'étant renouvelés, le Coq fut sequestré de nouveau le 8 au soir. Les pontes qui suivirent confirmèrent complétement les résultats déjà obtenus, comme en fait foi ce dernier tableau.

DATE DER PONTES.	ŒUFS DANS L'ORDRE OU ILS ONT ÉTÉ PONDUS.	ÉTAT DES ŒUFS.
9 août	...1° 4 œufs, dont :	4 *féconds* ....
10 »	...2° 6 » » ..	6 *féconds* ....
11 et 12 »	...3° 8 » » ..	7 *féconds* 1 infécond..
13 »	...4° 3 » » ..	3 *féconds* ....
14 »	...5° 5 » » ..	4 *féconds* 1 infécond..
15 »	...6° 3 » » ..	3 *féconds* ....
16 »	...7° 4 » » ..	3 *féconds* 1 infécond..
17 et 18 »	...8° 7 » » ..	5 *féconds* 2 inféconds.
19 »	...9° 4 » » ..	1 *fécond* 3 inféconds.
20 »	..10° 5 » » ..	3 *féconds* 2 inféconds.
21 »	..11° 4 » » ..	1 *fécond* 3 inféconds.
22 »	..12° 3 » » ..	1 *fécond* 2 inféconds.
23 »	..13° 5 » » ..	1 *fécond* 4 inféconds.
24 »	..14° 4 » » ..	...... inféconds.
25 »	..15° 4 » » ..	...... inféconds.
26 et 27 »	..16° 9 » » ..	...... inféconds.
Depuis l'éloignement du Coq, jusqu'à la ponte du dernier œuf fécond, il s'est écoulé :	15 jours.	

Ces expériences collectives, que j'ai répétées plusieurs fois depuis, ne sont pas moins concluantes que les précédentes, quoique, dès le début, quelques œufs se soient montrés inféconds (1). Les unes et les autres démontrent que, chez les Oiseaux, et particulièrement chez les Poules, l'accouplement n'étend pas son influence au delà de quinze à dix-huit jours et n'atteint jamais plus de cinq à sept œufs. Passé ce terme et ce nombre, toutes les pontes sont infécondes, comme j'en ai acquis fréquemment la preuve. Il faut que le Coq rentre alors dans la basse-cour, dont tous les fruits seraient désormais stériles si on ne l'y ramenait pour les féconder. Mais cette rectification d'une idée, vraie au fond, ne change rien à la signification du fait qu'un examen de l'ovaire rend matériellement appréciable. Les cinq ou sept œufs imprégnés à la fois y sont gradués de telle sorte qu'on peut, d'après leur volume, dire dans quel ordre et à quel jour chacun d'eux aurait été pondu, si la Poule avait continué à vivre. Celui qui est destiné à tomber le dernier n'est pas plus gros qu'une

(1) La cause de cette infécondité nous échappe : nous ne pouvons l'attribuer à l'impuissance du Coq, car, le premier jour où il a été remis en liberté dans la basse-cour qui renfermait les Poules, nous l'avons vu cocher quarante-deux fois, depuis six heures du matin jusqu'à cinq heures et demie du soir. Une Poule a subi elle seule onze fois ses approches, une autre sept fois, d'autres six, etc.; deux seulement ne se sont accouplées qu'une fois. Le lendemain et le surlendemain son ardeur n'était point affaiblie, et il a mis le même empressement à satisfaire ses Poules. Mais ces fréquentes approches, lorsqu'un troupeau est aussi nombreux que celui sur lequel nous avons fait nos observations, sont-elles toutes réelles, toutes efficaces? En d'autres termes, y a-t-il chaque fois émission et dépôt de semence dans le vagin de la femelle? Ce serait là une question importante à résoudre. Sa solution expliquerait peut-être pourquoi des pontes aussi rapprochées de l'accouplement ont donné des œufs inféconds.

noisette de petite dimension, tandis que celui dont la maturation est complète a un diamètre trois fois plus grand.

C'est donc bien dans l'ovaire, et longtemps avant la chute des œufs, que la fécondation a lieu.

Chez les Abeilles, ce n'est pas seulement, comme chez les Oiseaux, une simple série de quelques œufs qu'imprègne un même accouplement : il féconde à la fois tous ceux qui doivent mûrir dans les ovaires pendant une année entière. La reine vierge, que l'instinct de la reproduction entraîne hors de sa ruche, s'élève dans les airs trois ou quatre jours après sa dernière métamorphose, pour aller à la rencontre d'un faux-bourdon, et revient ordinairement, au bout d'une demi-heure, portant des signes visibles du succès de ses amours. Puis, quand elle a assuré par cette union la fécondation de sa progéniture, l'heure de la ponte arrive, et, à partir de ce moment, on la voit tous les jours occupée à répartir ses œufs dans les alvéoles que l'industrie des ouvrières a préparés d'avance pour recevoir des produits femelles; car, pendant les onze mois qui suivent la copulation, elle ne fournit que des fruits de cette sorte. Cette première série de pontes épuisée, de nouveaux ovules, invisibles d'abord, paraissent à leur tour; mais ceux-ci sont viables à un autre titre, et donneront naissance à des mâles.

La fécondation est donc, chez les Abeilles, bien plus ovarienne encore que partout ailleurs, puisque, à travers les nombreuses portées en voie de maturation, elle étend ses effets à toutes celles qui surgissent pendant une si longue période.

On dira peut-être, en ce qui concerne les Insectes et les Mollusques gastéropodes, que la fécondation d'une longue succession d'œufs, par un seul accouplement, n'est pas la preuve irrécusable d'une imprégnation ovarienne, attendu que la semence, introduite par le mâle dans un diverticulum du vagin de la femelle, désigné sous le nom de *poche copulatrice*, semble y être tenue en réserve pour le moment où les œufs tombés des ovaires passent devant ce récipient, dont l'orifice doit verser sur eux les spermatozoïdes. Le contact des deux substances n'aurait donc lieu ici ni dans l'ovaire, ni dans l'oviducte; ni dans le point dilaté de cet oviducte qui, chez la plupart, représente la matrice. C'est dans la partie des conduits génitaux correspondante au vagin, et à l'instant même où les œufs vont être expulsés du sein maternel, qu'il s'accomplirait. Mais ces œufs, lorsqu'ils arrivent à cette dernière station, sont déjà revêtus de leur albumen, de leur membrane de la coque, et, chez certaines espèces, comme l'*Arion empiricorum* par exemple, d'une couche calcaire impénétrable, ou, comme dans la plupart des Insectes, d'une coquille cornée résistante. Ils ne peuvent, par conséquent, être imprégnés qu'à une époque antérieure à celle de la formation de ces enveloppes protectrices, c'est-à-dire avant leur chute de l'ovaire. Il faut donc admettre, pour les espèces de cette catégorie, que la semence, déposée dans la bourse copulatrice, en sort au bout d'un certain temps, reflue dans les conduits génitaux, et remonte, avant la déhiscence, vers les ovaires, qui sont ici, comme chez les autres animaux, le siége normal de la fécondation.

Le but d'un séjour préalable de la semence dans une vésicule copulatrice n'est pas de mettre cette semence à portée d'imprégner les œufs à mesure qu'ils passent dans l'oviducte, dont cette vésicule copulatrice est un appendice, mais probablement de fournir aux spermatozoïdes, comme l'a admis M. Gra-

tiolet dans son intéressant travail sur les zoospermes des Hélices(1), un milieu où ils puissent subir une sorte de maturation qui les rende propres à exercer la fonction qu'ils sont appelés à remplir; maturation qui amène un changement complet de leur forme première. On voit, en effet, après un séjour qui varie suivant l'âge des individus et suivant le degré de température ambiante, leur énorme filament caudal se raccourcir peu à peu et disparaître, pendant que leur extrémité renflée grandit et acquiert en même temps un appendice flagelliforme d'une extrême ténuité, qui finit par remplacer le filament caudal primitif. Après cette singulière métamorphose, les spermatozoïdes, dont les mouvements étaient nuls ou peu sensibles, s'agitent avec une grande vivacité. La nécessité du séjour de la semence dans la vésicule, pour amener ce résultat, explique pourquoi les hermaphrodites de l'ordre des Mollusques gastéropodes s'accouplent, bien qu'ils portent à la fois l'organe mâle et l'organe femelle; pourquoi tous les conjoints reçoivent de leurs partenaires un dépôt semblable à celui qu'ils leurs transmettent.

(1) Grafiolet, *Observat. sur les zoospermes des Hélices;* Journal de Conchyliologie publié sous la direct. de M. Petit de la Saussaye. Paris, 1850, t. 1, p. 116.

CHAPITRE VI.

IMPRÉGNATION.

Lorsque les spermatozoïdes sont parvenus au contact de la membrane vitelline, ils en traversent soudain la paroi, et pénètrent dans sa cavité comme en un récipient où ils sont désormais renfermés avec le germe, afin que le mélange des deux substances puisse s'accomplir sans obstacle. Je les y ai vus, chez le Lapin, vingt heures après la déhiscence, c'est-à-dire quand l'œuf, dépouillé des cellules granuleuses dont il était auparavant entouré, permet de distinguer clairement ce qui se passe dans son sein. Ils se dessinent surtout dans l'espace translucide que le vitellus, en se rapetissant pour se segmenter, laisse entre lui et sa membrane enveloppante. Le nombre de ceux qui s'y introduisent varie, mais il y en a toujours plusieurs à la fois : circonstance importante à noter pour décider la question de savoir si l'intervention de deux mâles ne pourrait pas constituer une paternité mixte, par l'apport simultané de corpuscules fécondants provenant de deux sources différentes. C'est là, en effet, un problème dont nous ferons plus loin le sujet d'un examen approfondi.

L'œuf des Mammifères, en général, est l'un des plus propres à fournir la preuve de la pénétration des spermatozoïdes, et de la conservation de l'intégrité de leur forme jusqu'au moment de l'incorporation de leur substance à celle du germe. Son volume restreint permet de l'explorer à tous les grossissements; son espace translucide y rend apparentes les plus minimes particules, et quand on a jugé, par un premier examen, que ces particules doivent être situées dans la cavité de sa membrane enveloppante, on lève tous les doutes en rompant, à l'aide du compresseur, un point quelconque de la paroi de cette membrane. Le contenu de l'œuf s'écoulant alors à travers la fissure artificielle, on voit, sans qu'il y ait possibilité de confusion, les spermatozoïdes suivre le flot qui les entraîne hors de l'enceinte formée par la membrane vitelline, puis rentrer et sortir de nouveau, suivant qu'en interrompant ou en réitérant la manœuvre l'on chasse ou l'on rappelle le courant.

Cette expérience décisive, dont j'avais il y a déjà longtemps exprimé le résultat avec une certaine hésitation (1), répétée depuis, a fixé définitivement mon opinion sur le sort de l'élément fourni par le mâle dans l'acte de la génération. Il pénètre dans l'œuf sous forme de spermatozoïde, et se trouve au contact même du germe sous l'enveloppe commune où leur alliance doit s'accomplir. Mais par quelle voie y parvient-il, et en quoi consiste cette alliance?

M. Barry a figuré sur la membrane vitelline du Lapin une petite fissure, espèce de micropyle transitoire, formé à l'heure

(1) Voir la pl. II de l'Atlas, fig. 12 (*Lapin*), et l'explication qui se rapporte à cette figure.

de la déhiscence pour livrer passage au corpuscule fécondant, et qui, au dire de ce physiologiste, s'oblitérerait ensuite dès que ce corpuscule aurait pénétré dans l'œuf. Il a même indiqué, sur l'un de ses dessins, un globule engagé dans cette fissure; globule qu'il considère comme la tête d'un spermatozoïde, dont la queue se serait naturellement détachée (1).

J'ai vainement cherché, en me plaçant dans les conditions indiquées par l'auteur, l'indice de l'organisation fugitive dont il a retracé l'image, et je n'ai jamais rien rencontré qui m'en ait révélé l'existence. Cependant, si l'on s'en rapportait à des observations plus récentes de M. Keber (2), on serait tenté de croire qu'il n'y aurait pas autant de difficulté que je viens de le dire à découvrir la petite fissure signalée par M. Barry. Mais lorsqu'on va au fond des choses, on acquiert bientôt la certitude que M. Keber a pris pour le micropyle d'un œuf de Lapin la bouche de l'une de ces vésicules hydatiques que l'on trouve souvent adhérentes soit aux franges du pavillon, soit aux trompes, etc. Les faits qu'il invoque sont donc, en ce qui concerne les Mammifères, bien plus propres à augmenter la confusion qu'à faire naître la lumière.

Pourtant, si l'auteur n'a pu se préserver d'une aussi étrange méprise, il a du moins, en ce qui concerne l'Unio et l'Anodonte, constaté la présence d'un petit canal qui met, pendant un certain temps, l'intérieur de l'œuf ovarien en communication avec l'extérieur. M. Bischoff a beau s'autoriser de l'opinion de M. Leukart pour essayer d'établir que ce pré-

(1) Barry, *Philos. Transact.*, 1840, p. 532, § 329-331-333, et p. 533, § 334.

(2) *De spermatozoorum introitu in ovula*, Kœnigsberg, 1853, p. 88, fig. 80.

tendu micropyle n'est que la trace d'une simple adhérence au stroma de l'ovaire : les singuliers arguments de son acerbe diatribe restent sans valeur en présence d'un fait que chacun peut vérifier. Non-seulement ce micropyle transitoire existe, mais il paraît s'étendre jusqu'au sein du vitellus lui-même.

Ce qui, chez les Mammifères et les Oiseaux, se dérobe à l'observation, ou devient, chez l'Unio et l'Anodonte, un sujet de controverse, se montre avec clarté chez les Poissons osseux tels que les Saumons, les Truites, les Épinoches, etc. Là, au fond d'un ombilic visible à la loupe simple, la membrane vitelline est percée d'un trou microscopique, nettement dessiné, muni au dedans d'une petite soupape. Ce micropyle n'affecte pas une position indifférente. Il est toujours situé en un lieu d'élection, qui semblerait indiquer qu'il a bien réellement pour usage de donner accès à la semence, car c'est derrière lui que viennent s'assembler les matériaux du germe, ou les éléments femelles, avec lesquels cette semence doit se combiner.

Quand ces matériaux se sont constitués en cicatricule par une coalition visible de granules épars, alors le vitellus qui, tout à l'heure, avant l'accomplissement du phénomène, remplissait, immobile, la cavité de la membrane vitelline, s'y rétracte en un globe plus petit, suspendu dans un fluide au sein duquel la pesanteur inégale de ses deux hémisphères ramène toujours vers le haut celui qui porte le germe. Il résulte de là qu'entraîné dans ces révolutions forcées, ce germe n'a plus désormais avec le micropyle d'autre relation que celle que le hasard lui donne; mais, à l'heure de la fécondation, leur correspondance existe. La fonction accomplie, le pertuis s'oblitère peu à peu, et, en quelques jours, la membrane vitelline reconquiert l'intégrité de sa paroi un moment interrompue. Cependant, chez les espèces à incubation prolongée, telles que les Salmonidés, il n'est pas rare de le trouver encore un et même deux mois après la ponte, surtout sur les œufs qui n'ont pas été imprégnés.

Personne, jusqu'ici, n'a surpris de spermatozoïde engagé dans le micropyle. Le globule insignifiant que M. Barry d'abord, et M. Keber ensuite y ont figuré comme l'un des corpuscules fécondants dont, à leur avis, la queue se serait détachée, n'a rien de commun avec les corpuscules qui arrivent entiers dans l'enceinte même où ils apportent leur contingent.

Mais en supposant que le micropyle soit la voie temporairement ouverte pour donner accès à la semence, il reste encore une difficulté : c'est d'expliquer comment, chez les animaux à fécondation interne, cette semence peut aborder l'œuf malgré l'interposition de la paroi de la capsule ovarienne qui le renferme. Ne pourrait-on pas admettre que cette capsule présente une ouverture que les recherches des physiologistes ont été jusqu'ici impuissantes à découvrir? Ne pourrait-on pas encore attribuer aux spermatozoïdes de ces espèces la propriété *térébrante* dont semblent doués ceux des Batraciens quand ils transpercent l'albumen; propriété qui est peut-être aussi la véritable cause de leur passage à travers la membrane vitelline? Mais, soit qu'ils entrent dans l'ovaire par une ouverture ménagée d'avance, soit qu'ils y pénètrent par une sorte d'absorption, leur admission au sein de cet organe n'en est pas moins un fait aussi démontré que si on les y avait surpris. Les animaux à gestation ovarienne, comme les Pœcilies, chez les Poissons, en fournissent une preuve irrécusable. Là, en effet, l'œuf fécondé dans sa capsule, s'y développe et n'en rompt la paroi que lorsque l'Embryon y est arrivé à terme.

De quelque manière que cette introduction s'opère, il arrive un moment où les spermatozoïdes et le germe se trouvent en présence dans la cavité de la membrane vitelline, libres d'y obéir à l'impulsion de leur affinité réciproque. Sous l'empire de cette tendance, ils s'y confondent en une seule et même substance qui, remaniée et repétrie par la segmentation dans le champ clos de ce laboratoire vivant, s'y transfigure en un organisme nouveau, image combinée des parents dont il émane, représentation visible ou latente de leur nature physique, don précieux ou funeste, héritage de force ou de faiblesse, de santé ou de maladie, suivant que le mélange provient de source pure ou de source viciée.

Ce pouvoir de transmission va si loin, que les matériaux renfermés dans l'œuf de certaines espèces portent déjà, avant même qu'il y ait trace de développement, la même nuance de coloration que la chair de la variété de race dont ils sont le produit. Or s'il en est ainsi à propos d'une simple et fugitive coloration de substance, que doit-on supposer lorsqu'il s'agit de l'une de ces altérations organiques profondément invétérées? Redoutable problème, sur lequel la science a le devoir d'appeler l'attention des hommes, afin d'éveiller en eux le sentiment de leur responsabilité. Elle les convie à tenir compte des convenances physiologiques dans le choix de leurs alliances.

Les spermatozoïdes ne sont pas seulement les artisans de la fécondation chez les animaux, ils font également partie de la semence des végétaux et y remplissent le même office. En sorte que, rattachés l'un à l'autre, à l'origine de chaque être, par ce lien commun, les deux règnes se perpétuent sous l'empire d'une même loi. Les plantes aquatiques de la famille des Conferves et des Algues, dont la fécondation s'opère, comme celle des Batraciens et des Poissons, au sein du liquide qu'elles habitent, et dont on peut observer l'alliance sous le foyer du microscope, sans les sortir du milieu qui convient à l'accomplissement de ce phénomène, en ont donné, dans ces derniers temps, l'éclatante démonstration. Une étude persévérante du mécanisme de leur génération a révélé cette importante vérité, sur la trace de laquelle les immortelles découvertes de Vaucher avaient, depuis le commencement de ce siècle, mis les observateurs.

Ce ministre du saint Évangile publia, en 1803, à Genève, où il était professeur de botanique, un livre sur les Conferves d'eau douce, comme savaient seuls en composer les disciples de l'école de Réaumur. Dans ce livre, il raconte l'histoire d'une Conjuguée dont il avait déjà fait en vain, plusieurs mois durant, le sujet d'une observation continue, et dont il commençait à désespérer de découvrir jamais le mode de reproduction. Enfin, un jour où il avait recueilli un grand nombre d'individus de cette espèce et que, dans son découragement, il les observait, ainsi qu'il le dit lui-même, plutôt par habitude et par devoir que dans l'espérance d'y rien trouver, il fut témoin d'un spectacle aussi nouveau qu'inattendu. Il vit ces Conferves s'accoupler ; établir, sous ses yeux, entre chacune des cellules qui les composent, un court canal de communication, et, par ces voies transitoires, s'infuser réciproquement leur poussière fécondante. En sorte que, dans cet échange, les cellules qui reçoivent remplissent à la fois la fonction d'ovaire et de matrice, puisqu'elles engendrent l'élément feminin, et que c'est dans leur cavité que s'opèrent le contact et le mélange des deux substances; tandis que celles qui se vident remplissent les fonctions de testicules et de conduits éjaculateurs, puisqu'elles produisent l'élément masculin, et le versent dans le réceptacle du germe. Ces végétaux étranges constituent donc des espèces d'appareils ambulants de la génération, des chapelets de testicules ou d'ovaires, et, pour être plus exact encore, des séries linéaires de vésicules ovigènes ou de vésicules spermatogènes placées bout à bout.

Les cellules qui forment le corps de ce filament végétal sont cylindriques, transparentes, fermées aux deux extrémités, articulées à la suite l'une de l'autre sur des cloisons doubles qui permettent à chacune d'elles de rompre la chaîne et de se séparer de l'ensemble, sans que celle qui précède ou celle qui suit puisse se vider. Leur contenu est exclusivement composé de corpuscules moléculaires de matière verte, qui, dans les loges femelles, représentent les granules moléculaires du germe de l'ovule animal, et, dans les loges mâles, les spermatozoïdes. En effet, lorsque le moment de la reproduction arrive, et que deux Conferves sont en présence, il pousse sur la paroi de chacune de ces loges un petit tubercule qui s'allonge jusqu'à ce qu'il atteigne le mamelon correspondant de la Conjugale voisine. Ces deux tubercules creux s'unissent et se confondent en un canal très-court qui met en communication directe les deux cellules qui, tout à l'heure, appartenaient à des individus distincts; en sorte que, si on n'examinait ces individus qu'à cette période passagère de leur existence, et qu'on en ignorât les phases antérieures, on les prendrait pour un seul et même organisme; mais cette solidarité établie par paires entre tous les compartiments des organismes accouplés, n'est que le signe visible de leur lien nuptial.

Quand ces voies de communication sont établies, chacune des loges qui font office de testicules vide son contenu, à travers cette espèce de canal éjaculateur, dans la loge correspondante de l'autre individu, au sein de laquelle l'imprégnation s'opère, sous l'œil de l'observateur, par le contact et le mélange des deux substances. Ordinairement toutes les loges d'une des Conjuguées donnent, tandis que celles de l'autre reçoivent : c'est-à-dire que l'un des deux individus procède comme mâle et l'autre comme femelle. Cependant il n'est pas rare de voir la même Conjuguée donner dans une partie de sa longueur et recevoir dans l'autre, d'où il suit que, sur certains points, elle féconde, et que, sur d'autres, elle est fécondée; mais, en a ucun cas, on ne peut reconnaître d'avance quelles sont les loges qui se videront, quelles sont celles qui recueilleront, tant leur contenu est identique.

Dans d'autres espèces de la famille des Conferves, dans celles qu'il désigne sous le nom d'*Ectospermes*, Vaucher vit se développer sur la même tige, et sur plusieurs points à la fois, deux ordres de petits tubercules, creux comme le tube dont ils émanent et avec lequel ils communiquent, et, comme ce tube, remplis de matière verte. Peu à peu ces tubercules se développent et se différencient en mûrissant. L'un des deux prend la forme plus ou moins sphéroïdale et représente le germe, la graine, *le spore* des botanistes, c'est-à-dire la capsule ovigène, ou mieux encore l'ovule que cette capsule renferme. L'autre, plus grêle, s'allonge en forme de corne, s'ouvre à son sommet, se courbe vers le premier, répand sur lui les corpuscules spermatiques (spermatozoïdes) dont il est rempli, et le germe, fécondé par ce contact, se dégage ensuite de sa loge, comme un œuf de sa capsule ovarienne, et tombe au fond du récipient où il se transforme en une Conferve semblable à celle sur laquelle il est né (1). On

(1) « Dès que j'eus terminé ce qui concernait la reproduction, je crus qu'il » était nécessaire de passer à l'examen d'une question fort importante, je veux » parler de celle de la fécondation. Les graines de conferves, me demandai-je, » ont-elles la faculté de germer sans fécondation préalable, ou bien ont-elles » besoin, comme la plupart des autres graines, de l'influence d'une poussière? » Pour répondre à cette question, je cherchai fort attentivement dans toutes » les parties de la conferve, pour voir si je ne trouverais pas quelque organe » auquel on pût donner le nom d'étamine. Et effectivement, après plusieurs » recherches....., j'ai vu que la plupart des espèces portaient, sur les pédon» cules qui soutiennent les graines, un ou plusieurs prolongements en forme » d'anthère; et comme ces nouveaux organes, que je n'avais pas d'abord » aperçus, sont remplis de matière verte, ainsi que les renflements, j'en ai » conclu que les unes et les autres faisaient, selon les espèces, l'office de fleurs » mâles, ou plutôt que tout l'intérieur du tube était rempli de matière fécondante, » qui s'échappait par ses extrémités, au moment où elle se vidait...., car, je » le répète, je ne regarde pas seulement comme poussière séminale celle qui » est contenue dans les organes dont nous avons parlé, mais je suis porté à » croire que toute la matière verte qui est renfermée dans le tube est destinée » aux mêmes fonctions. Non-seulement elle n'est pas entièrement semblable » à toutes les parties de la plante, mais, de plus, elle communique immédia» tement avec les corps que nous avons pris pour les anthères, puisque ces » derniers ne sont séparés de l'intérieur du tube par aucun étranglement. Ces » organes, ainsi que je l'ai dit, ont des formes très-différentes selon les espèces. » Dans le plus grand nombre, l'extrémité est en pointe et ressemble assez » bien à un petit crochet recourbé, qui accompagne toujours la graine. Les » autres sont ovales, renflés dans leur milieu : il existe même une espèce qui » s'appelle pyriforme, du nom de ses graines, dans lesquelles ces corps res-

croirait, en lisant les détails si simplement racontés de ce curieux phénomène, assister à l'une de ces opérations artificielles comme, vingt-cinq ans auparavant, Spallanzani en pratiquait, dans son laboratoire, sur les œufs des Batraciens ; opérations que l'expérimentateur dirige à son gré, pour faire éclater à ses yeux les actes les plus mystérieux de la nature vivante.

Il était difficile, en effet, d'arriver à une démonstration plus complète du contact des deux substances, puisqu'ici, je l'ai déjà dit, ce contact va jusqu'au mélange. Aussi a-t-il fallu près d'un demi-siècle pour que les botanistes, malgré le perfectionnement de leurs moyens d'investigation, s'élevassent au niveau des connaissances que ces surprenantes découvertes introduisaient dans la science. Vaucher lui-même, cédant au pouvoir de l'évidence, en fut un moment troublé dans sa foi en la théorie de l'emboîtement des germes, qui était devenue alors comme la religion de la physiologie. A la vue de ces deux amas identiques de matière amorphe, se combinant par doses égales dans les loges des Conferves conjuguées, pour y donner naissance à un être nouveau, il se demande avec inquiétude où est *le germe préexistant*. Forcé de convenir que le spectacle dont il était le témoin

» semblent à des semences. Elles n'en diffèrent à la vue que parce qu'elles ne sont
» pas articulées avec le tube. Il est facile de les voir répandre leur poussière.
» J'ai donné à ceux de ces organes qui accompagnent les graines le nom de
» cornes, pour exprimer exactement leur figure et leur apparence extérieure
» qui dépend de l'âge de l'Ectosperme : D'abord elles sont droites et opaques,
» et, par conséquent, elles renferment la matière fécondante. Peu à peu elles
» se recourbent sur la graine, et, à mesure qu'elle mûrit, elles s'inclinent
» sur elle pour y répandre leur poussière. Lorsque la semence s'est séparée,
» elles sont vides et roulées en spirale..... » (Vaucher, *Hist. des Conferves d'eau douce*, Genève, 1803, pag. 14, pl. 2 et 3.)

mettait le dogme consacré en défaut, il se résigne à en faire le sacrifice pour ce cas particulier, mais il ne veut rien en induire pour le reste de la création, sous prétexte *qu'il est bien plus facile de supposer un germe préexistant, que d'imaginer des grains se mêlant ensemble pour former un corps organisé.* Sa raison ne triomphe qu'à moitié de son préjugé, mais elle en triomphe à l'occasion de faits tellement importants, que je tiens à montrer ici dans quel langage il en exprime son étonnement, et avec quel scrupule il en atténue la portée, comme si, dans sa pieuse erreur, le ministre du saint Evangile tremblait que sa découverte n'ouvrît carrière à des idées contraires à son orthodoxie.

« Puisque je ne pouvais, dit-il, ramener ce cas particulier » au cas général et bien établir la distinction du mâle et de » la femelle, j'ai voulu du moins me former quelque idée de la » manière dont ce développement s'opérait : pour cela, je me » suis d'abord rappelé cette loi si connue que les êtres orga- » nisés préexistent à tout développement, et que ce que nous » appelons leur naissance n'est que l'époque où des circon- » stances favorables les placent sous nos yeux. Cherchant en- » suite à appliquer cette règle à l'objet dont il est ici question, » je me suis demandé où était la Conjuguée avant qu'elle ne » sortît toute formée de l'enveloppe qui la contenait? Etait- » elle renfermée dans l'un des tubes, ou l'était-elle dans les » deux? Si l'on admet la première supposition, et que l'on se » persuade que l'un des tubes faisait la fonction de mâle et » l'autre celle de femelle, il faudra que l'on reconnaisse que » de deux êtres semblables et semblablement organisés dans » toutes leurs parties, l'un n'est qu'un amas de matière fécon- » dante, tandis que l'autre est le germe d'une Conjuguée. Si

» l'on suppose, au contraire, que la Conjuguée qui va naître » est contenue dans les deux tubes, il faudra que l'on explique » comment les deux Conjuguées en se réunissant n'en font » plus qu'une : pourquoi l'une périt tandis que l'autre se déve- » loppe. Et lorsqu'on passerait sur ces difficultés et que l'on » accorderait que la jeune Conjuguée était contenue dans l'un » des deux tubes, ou dans les deux, à volonté, on ne serait pas » pour cela plus avancé. Il resterait encore à expliquer com- » ment un filet en spirale, chargé de grains sphériques, donne » naissance à une Conferve, ce que deviennent la spirale et les » grains dans ce nouveau développement, et quel est celui des » deux tubes où le nouvel être préexistait avant sa naissance.

» Sans doute que ces difficultés n'affaiblissent pas le sys- » tème de l'emboîtement et qu'il est encore plus facile de » supposer un germe préexistant que d'imaginer ces spirales » et ces graines se mêlant ensemble pour former un être or- » ganisé. Sans doute qu'un observateur plus attentif décou- » vrira un jour ce qui m'a échappé, mais j'avoue que je n'ai » jamais pu répondre d'une manière satisfaisante à ces ob- » jections et que, quoique j'aie vu sortir la jeune Conjuguée » de son globule, je n'en connais pas mieux comment elle » s'y est formée (1). »

Cependant, cette découverte, dont l'auteur subit avec tant d'anxiété les plus légitimes conséquences, qui semble lui inspirer plus de regret que de satisfaction, n'en deviendra pas moins le premier et le plus solide fondement d'une théorie générale de la fécondation, également applicable aux deux règnes de la création vivante, montrant, partout où

(1) Vaucher, *Hist. des Conferves d'eau douce*, Genève, 1803, pag. 52.

cette fonction s'exerce, le mélange des deux substances, et réduisant, par conséquent, à néant, le principe de l'emboîtement des germes, ou de la préformation de l'embryon.

Ce fut, en effet, en continuant la voie dans laquelle les recherches de Vaucher les avaient précédés, que MM. Decaisne et Thuret (1) signalèrent, comme complément d'analogie entre les deux règnes organiques, la motilité des grains dont se compose la semence des Algues marines ; motilité observée depuis par M. Pringsheim (2) chez la plupart des Algues d'eau douce, et qui suffirait à elle seule pour légitimer une comparaison avec les spermatozoïdes des animaux, si l'analogie ne ressortait pas déjà d'une commune aptitude à opérer la fécondation. Ces grains locomotiles (anthérozoïdes) d'une petitesse extrême (1,180[me] de ligne chez le *Vaucheria*), de forme oblongue ou globuleuse suivant les espèces, armés de cils inégaux dont les vibrations les entraînent en tous sens, se répandent, en sortant dés conceptacles mâles, au sein des eaux où vivent les plantes qui les fournissent; vont à la rencontre des spores détachées ou de celles

(1) *Recher. sur les Anthéridies et les spores de quelques Fucus;* Ann. des Sc. Nat., 3e série, 1845, 5. — Et *Fécondat. des Algues marines*, C. R. de l'Acad. des Sc., 1853, T. XXVI, pag. 745, et Ann. des Sc. Nat., 1854, T. III, pag. 5.

(2) *Fécondat. et germination des Algues;* Ann. des Sç. Nat. 1859, pag. 363. — Voir pour de plus amples renseignements le mémoire de M. Ludwig Radlkofer, ayant pour titre : *Befruchtungs Process im Pflanzenreiche und sein Verhatniss zu dem im Tierreiche* (Du mode de fécondation dans le règne végétal, comparé à celui qui a lieu dans le règne animal). Leipzig, 1857. — Voir également l'intéressant rapport de notre confrère M. Montagne, fait à l'Académie des Sciences, dans la séance du 11 août 1856, à l'occasion de deux Mémoires de M. Pringsheim sur la reproduction des Algues.

que renferment encore leurs capsules entr'ouvertes; se collent à leur surface gluante, comme les spermatozoïdes aux œufs des Batraciens ou des Poissons dans les récipients où l'on expérimente. Tout se passe donc ici de la même manière que chez les animaux à fécondation externe, car non-seulement les grains de semence sont mobiles, mais ils se mettent au contact du germe dans des conditions identiques et à la faveur d'un même véhicule.

Or, si les anthérozoïdes jouent, dans la fonction génératrice des Algues, le rôle que les recherches modernes leur assignent, ces corpuscules mouvants sont de véritables spermatozoïdes, qu'il convient de désigner sous ce nom désormais caractéristique de l'élément fécondant dans les deux règnes de la création vivante.

A ce point de vue, et en poussant jusqu'au bout cette tentative de généralisation, les plantes phanérogames elles-mêmes rentrent facilement dans la commune loi. Leurs grains de pollen deviennent des capsules spermatogènes, détachées du testicule végétal au moment de la maturité de la semence; le contenu de ces capsules représente un assemblage de spermatozoïdes liés entre eux par une glaire plus ou moins abondante, mais de spermatozoïdes restés à l'état de simples granules moléculaires, n'ayant ni les cils vibratiles, ni la motilité que donnnent ces cils aux anthérozoïdes des Algues. En sorte que, lorsqu'on dit avec MM. R. Brown, Brongniart, Amici, Schleiden, Tulasne, etc., que le boyau pollinique s'insinue à travers le stigmate pour arriver jusqu'à l'ovule des plantes phanérogames, il faut entendre par là que la glaire de ce boyau sert de véhicule aux spermatozoïdes rudimentaires qu'il va mettre au contact du germe, de la même manière que pourrait le faire un spermatophore chez la femelle d'un animal à fécondation intérieure, si l'on supposait qu'il fût introduit dans l'oviducte. C'est précisément ce qui arrive chez les Hélices, où notre savant confrère M. Moquin-Tandon (1) nous a montré les individus de chaque couple de ces hermaphrodites introduisant, dans le vagin de son partenaire, une concrétion spermatique analogue à celle que reçoivent les reines Abeilles.

(1) *Observ. sur les spermatophores des Gastéropodes terrestres androgynes.* C. R. de l'Acad. des Sc. 1855, t. XLI, p.

EXPLICATION DES PLANCHES.

ESPÈCE HUMAINE.

PLANCHE IVª.

FIG. A. Embryon âgé de trente-cinq jours environ, pris dans l'utérus d'une femme suicidée, grandi huit fois, vu de profil par le côté droit.

L'amnios qui l'enveloppait, incisé et déjeté à droite et à gauche, le laisse presque entièrement à nu. Les parois thorachiques et abdominales, du côté par où l'embryon est vu, ont été enlevées pour mettre à découvert les organes sous-jacents.

10. Vésicule ombilicale (*feuillet intestinal ou interne du blastoderme*), flottant à l'extrémité d'un pédicule grêle et allongé, richement pourvue d'un réseau vasculaire dont les troncs principaux font saillie à sa face externe. Les vaisseaux qui composent ce réseau appartiennent, les uns aux artères, les autres aux veines *omphalo-mésentériques ;* artères et veines qui, primitivement au nombre de quatre (une artère et une veine pour le côté droit, une artère et une veine pour le côté gauche), sont maintenant réduites à deux : l'artère *omphalo-mésentérique* droite (*a*) et la veine *omphalo-mésentérique* gauche (*j*). L'artère gauche et la veine droite du même nom ne laissent plus de traces de leur existence.

x. Pédicule de la vésicule ombilicale, présentant au-dessus de son point d'attache au sommet de l'anse primitive de l'intestin un petit renflement fusiforme. Cette portion renflée est la seule sur laquelle les vaisseaux *omphalo-mésentériques* ne prennent pas leur appui, et la dernière qui s'atrophie.

Le pédicule de la vésicule ombilicale, et les deux troncs vasculaires qui l'accompagnent, après avoir longé le canal que forme le cordon ombilical, sortent de ce canal par une petite ouverture que laisse l'amnios en se réfléchissant sur le chorion.

a. Tronc principal de l'*artère omphalo-mésentérique* droite, naissant de l'aorte abdominale au niveau de l'anse intestinale primitive qu'il longe, et sur laquelle il distribue à droite et à gauche des ramuscules artériels.

Toute la portion de ce tronc qui est en rapport avec l'intestin, et les rameaux qui en émanent, formeront, plus tard, l'*artère mésentérique supérieure*.

L'artère *omphalo-mésentérique* du côté gauche est complètement atrophiée.

j. Tronc principal de la *veine omphalo-mésentérique* gauche, accompagnant l'artère du même nom, depuis sa naissance sur la vésicule ombilicale, jusqu'au renflement qui existe à la base du pédicule de cette vésicule. Arrivé là, ce tronc, devenu libre, se porte au côté gauche du tube intestinal, à peu près sur le point qui représentera plus tard la région pylorique de l'intestin, contourne cet organe pour venir s'anastomoser avec le tronc de la veine *omphalo-mésentérique* droite (*s*), s'empare de ce tronc, pénètre le foie, et se jette dans la veine ombilicale au point même où cette veine reçoit les vaisseaux qui formeront le *système porte-hépatique*.

En sorte que, la veine *omphalo-mésentérique*, telle qu'elle existe actuellement, peut être considérée comme formée, en partie par la veine *omphalo-mésenterique* gauche, en partie par la veine *omphalo-mésentérique* droite, qui ne persiste plus que dans une faible étendue (*s*), tout le reste s'étant atrophié. Mais cette portion de veine omphalo-mésentérique droite, quelque minime qu'elle soit, est des plus importantes, car elle constituera le tronc principal du *système porte-abdominal*.

i. Intestin rudimentaire, formant une anse étroite et allongée, dont le sommet (*i'*) donne attache au pédicule de la vésicule ombilicale (*x*). L'artère *omphalo-mésentérique* droite (*a*) suit cette anse pour gagner le pédicule de la vésicule.

i''. Appendice cœcal naissant sur l'un des côtés de l'anse intestinale primitive, ou anse *iléo-cæcale*, au-dessous et assez loin du point où s'insère le pédicule de la vésicule ombilicale.

e. Estomac mis à découvert dans une certaine étendue, par l'ablation d'une partie du foie.

k. Point de l'intestin rudimentaire, dans lequel débouchent l'ouraque (*d*) ou pédicule de l'allantoïde, et les canaux excréteurs des corps-de-Wolff (*m*).

La communication de ces parties entre elles et avec le point qui représente l'extrémité inférieure du rectum, constitue, à ce moment, chez l'espèce humaine, un *cloaque postérieur*.

m. Corps-de-Wolff droit, occupant encore toute l'étendue de la cavité abdominale, depuis la cloison diaphragmatique, jusqu'à l'extrémité postérieure de l'intestin. Son conduit excréteur, réuni au futur conduit du testicule ou de l'ovaire droit, règne le long du côté externe de l'organe, et s'ouvre dans le cloaque (*k*) avec celui du corps-de-Wolff gauche, au point même où l'ouraque (*d*) prend naissance.

Le corps-de-Wolff du côté gauche n'est visible qu'à la base de l'anse intestinale : dans tout le reste de son étendue, il est caché par le rectum, l'estomac et le foie.

1. Portion placentaire du chorion (allantoïde transformée), faisant suite au cordon ombilical, et portant dans l'épaisseur de ses parois les deux artères ombilicales ou allantoïdiennes (*n*, *n*), et la veine (*u*) du même nom, la seule qui persiste à cette époque du développement.

Les villosités que porte ce lambeau de chorion, devant contribuer à former le placenta fœtal, sont très-ramifiées et très-développées.

2. Cordon ombilical, en grande partie formé par l'ouraque (pédicule de l'allantoïde). Le canal qui règne dans toute son étendue, depuis l'abdomen jusqu'au chorion, est incisé, et les bords en sont écartés pour montrer : 1°, l'anse iléo-cœcale (*i*) ; 2°, la portion basilaire du pédicule de la vésicule ombilicale (*x*) ; 3°, la portion de l'artère omphalo-mésentérique droite (*a*), et la portion de la veine omphalo-mésentérique gauche (*j'*) logées dans ce canal ; 4°, l'ouraque (*d*), que l'on peut con-

sidérer comme en formant la paroi postérieure ; ouraque qu'accompagnent les vaisseaux ombilicaux ou allantoïdiens, consistant actuellement en deux artères (*n*, *n*), et en une seule veine (*u*).

2'. Amnios incisé et déjeté sur les côtés.

Ici encore, comme sur la figure A de la planche IIIa (Espèce humaine), on voit, sur la coupe, l'amnios se continuer avec la paroi du cordon ombilical qui forme canal, et se confondre, en arrière, avec l'ouraque.

d. Ouraque (pédicule de l'allantoïde) naissant de l'extrémité postérieure de l'intestin, et accompagné par les vaisseaux ombilicaux ou allantoïdiens (artères *n n*, et veine *u*). Le canal qui le parcourt, et qui se termine en cul-de-sac près du chorion, a encore un diamètre notable, surtout vers son tiers supérieur.

n, *n*. Artères ombilicales ou allantoïdiennes, longeant l'ouraque et se distribuant sur le chorion.

u. Veine ombilicale ou allantoïdienne, se portant du chorion sur l'ouraque, qu'elle longe jusqu'à la naissance du cordon ombilical. Là elle l'abandonne, rampe sur la paroi abdominale en se dirigeant vers le foie (*f*), dans lequel elle pénètre, après s'être anastomosée avec la veine ombilicale droite, dont on voit la coupe.

Arrivée au foie, la veine ombilicale reçoit, à droite, la veine omphalo-mésentérique (*s*) ou future *veine porte-abdominale*, et fournit dans ce point un grand nombre de vaisseaux (*u*'' *u*''), les uns volumineux, les autres grêles, qui se dirigent en avant et sur les côtés de l'organe, où ils s'anastomosent avec d'autres vaisseaux (*u*' *u*'), connus sous le nom de *veines hépatiques*. Les troncs *u*'', *u*'', après l'atrophie du *canal d'Arantius*, et l'oblitération de la veine ombilicale ou allantoïdienne, constitueront des veines *porte-hépatiques*, dont la fonction sera subordonnée à celle de la veine porte-abdominale, ou veine porte proprement dite. La portion de la veine ombilicale comprise entre les vaisseaux *u*' et *u*'', portion qui, primitivement, appartenait aux veines *omphalo-mésentériques*, que les veines ombilicales ont détrônées, forme le *canal veineux* ou d'*Arantius*. Ce canal, à ce moment du développement, reçoit, sur divers points, des ramuscules veineux qui s'atrophieront un peu plus tard, et son calibre est sinon plus, du moins aussi considérable que celui du reste de la veine.

Un peu avant sa sortie du foie pour se jeter dans le confluent commun (*c*), et au point même où se rendent les veines hépatiques (*u'*), la veine ombilicale reçoit aussi la veine cave inférieure (*q*), veine actuellement de peu d'importance, mais destinée, plus tard, à devenir prépondérante et à se substituer à la veine ombilicale, comme celle-ci s'est substituée à la veine omphalo-mésentérique.

La veine ombilicale ou allantoïdienne droite, déjà oblitérée sur l'ouraque, ne laisse plus dans l'embryon d'autre trace de son existence qu'un tronc excessivement atténué, dont on voit la coupe au point où, avant son entrée dans le foie, elle s'anastomosait avec sa congénère du côté gauche.

u', *u'*. Veines *hépatiques* ou *sus-hépatiques*, se distribuant dans le foie, où elles ont de larges et fréquentes anastomoses avec les vaisseaux du *système porte-hépatique* (*u''*, *u''*), et se jetant dans la veine ombilicale en avant du point où la future veine cave inférieure (*q*), vient se déboucher.

u'', *u''*. Branches principales de la *veine porte-hépatique*, se distribuant dans le foie, où elles s'anastomosent avec les veines hépatiques (*u'*).

s. Portion de la *veine omphalo-mésentérique* droite dont s'est emparée la *veine omphalo-mésentérique* gauche. C'est cette portion qui, dans l'adulte, persiste sous le nom de *veine porte-abdominale*, après avoir reçu les veines de la plupart des viscères abdominaux. Elle s'engage dans le sillon longitudinal du foie et se jette dans la veine ombilicale, sur la limite même où cette veine devient *canal d'Arantius*, et dans le point qui reçoit une des principales branches du système *porte-hépatique*.

q. Veine cave inférieure, se jetant dans la veine ombilicale, ou plutôt dans le *tronc commun aux veines ombilicales, omphalo-mésentériques, porte et hépatiques*, au point où ce tronc cesse d'être canal veineux, un peu au-dessus et en arrière des veines hépatiques (*u'*).

La veine cave inférieure, à cette époque, est loin d'avoir l'importance qu'elle aura plus tard, lorsque, par le progrès du développement, elle aura totalement usurpé le rôle qui, à ce moment, est encore en grande partie rempli par les azigos inférieures (*g'*).

f. Foie, dont la moitié droite a été en grande partie enlevée et disséquée pour mettre à nu l'estomac (*e*), le poumon droit (*æ*), l'extrémité supérieure du corps de Wolff droit (*m*), la veine cave inférieure (*q*), le tronc de la veine porte-abdominale (*s*), et tout le système actuellement formé par la veine ombilicale ou allantoïdienne, système décrit sous la rubrique *u*.

æ. Poumon droit à son origine, formé de quatre lobules, et situé derrière le foie, avec lequel il est directement en rapport, le diaphragme offrant, dans ce point, une large échancrure qui fait communiquer la cavité abdominale avec la cavité thorachique.

Cette disposition, transitoire chez l'espèce humaine, rappelle l'organisation permanente des Oiseaux, chez lesquels les deux cavités du tronc ne sont jamais séparées par une cloison complète.

c. Confluent où viennent aboutir les troncs des principales veines de l'embryon et de ses annexes, pour se jeter en commun dans les oreillettes.

g. Tronc veineux qui ramène au cœur le sang de la tête, du cou et du membre supérieur du côté droit.

Ce tronc, qui représente la *veine cave supérieure* et le tronc *brachio-céphalique* droits à leur origine, s'unit à une autre veine (*g'*), qui vient des parties inférieures, et de cette union résulte un vaisseau unique (tronc de la future *veine cave supérieure*) qui, après un très-court trajet, se jette dans les oreillettes au point que nous avons désigné sous le nom de confluent commun (*c*). La veine descendante (future *jugulaire interne*, *g*), et la veine ascendante (*azigos inférieure permanente*) sont, dans la circulation fœtale primitive les vraies satellites des aortes céphaliques et abdominales; elles appartiennent donc au même système, et devraient, par conséquent, porter une même dénomination générique.

Une disposition tout à fait identique existe à gauche. Le sang des parties supérieures et des parties inférieures de ce côté de l'embryon est ramené au cœur par un tronc commun indépendant, qui s'ouvre, comme on le voit sur la figure, dans le confluent (*c*), au même point que le tronc commun des veines du côté droit.

g'. Tronc de la veine *azigos inférieure* droite.

o. Oreillette droite du cœur.

Elle cache l'oreillette gauche, dont elle est séparée par un sillon assez profond, et débouche avec elle dans les ventricules par un canal excessivement court.

v. Ventricule droit du cœur.

v'. Ventricule gauche du cœur.

Ces deux compartiments du cœur artériel, qu'un étranglement sensible distingue à l'extérieur, diffèrent de volume : celui de gauche est manifestement plus grand que celui de droite.

6. Bulbe aortique, déjà notablement raccourci et divisé en deux branches qui se convertiront l'une en aorte, l'autre en artère pulmonaire.

3. Aile droite du nez, limitant, en dehors, la fosse nasale du même côté.

4. Bourgeon maxillaire, représentant le côté droit de la mâchoire supérieure. Il est en rapport avec l'œil par son angle postéro-supérieur. Le sillon qui sépare ce bourgeon de l'aile du nez se convertira en canal lacrymal.

5. Mâchoire inférieure.

6. Arc branchial supérieur, ou premier arc, dont la fente persiste et va se transformer en conduit auditif externe.

Les autres arcs branchiaux ne laissent plus, à l'extérieur, de traces de leur existence primitive.

7. Bourgeon génital, résultant de la conjugaison de deux appendices primitifs, et surmontant l'orifice externe des organes génito-urinaires.

8. Extrémité caudale ou coccygienne de l'embryon.

9. Membre droit supérieur, rudimentaire.

9'. Membre droit inférieur, rudimentaire.

Fig. B. Même embryon, vu de face, dont on a enlevé en partie les parois des cavités thorachiques et abdominales, pour laisser voir dans leur position respective les organes que ces cavités renferment. Le cordon ombilical est également ouvert, et l'anse intestinale qui y était logée en a été retirée et rejetée sur le côté opposé.

Comme sur la figure B de la planche IIIa (Espèce humaine), cette disposition de l'embryon permet de bien se rendre compte de la position encore très-latérale des yeux, de l'éloignement des ailes du nez (3) et des orifices externes des fosses nasales, entre lesquelles existe un énorme bourgeon incisif; de la communication directe, par un sillon profond, de ces fosses nasales avec la cavité buccale ; et de l'écartement qui sépare les deux bourgeons maxillaires (4), destinés à former la mâchoire supérieure par leur réunion sur la ligne médiane. Elle permet aussi de juger de la physionomie générale du cœur à cet âge; de constater quelle est la position du confluent commun, des oreillettes, des ventricules, du bulbe de l'aorte, les uns par rapport aux autres, et de pouvoir mieux apprécier quelle est la forme et l'étendue du foie.

c. Confluent du cœur où viennent aboutir les troncs principaux des veines de l'embryon et de ses annexes.

Il est commun aux deux oreillettes, mais il tend cependant à se porter plus dans la droite que dans la gauche.

o. Oreillette droite du cœur, en partie cachée par le ventricule droit (*v*).

o'. Oreillette gauche du cœur, un peu moins volumineuse que la droite, mais en partie cachée, comme elle, par le ventricule gauche (*v'*).

v. Ventricule droit du cœur.

v'. Ventricule gauche du cœur, dont le volume, contrairement à ce qui a lieu pour les oreillettes, est notablement plus grand que celui du ventricule droit.

b. Bulbe aortique, origine du système artériel, divisé par une cloison intérieure en deux canaux qui se croisent : celui de droite (*tronc futur des artères pulmonaires*), passant à gauche, celui de gauche (*future crosse de l'aorte*), tendant à droite.

Les deux tubes dont ce bulbe est formé s'ouvrent l'un et l'autre dans la cavité commune des ventricules.

f. Foie, séparé du cœur par le diaphragme; occupant à lui seul la plus grande partie de la cavité abdominale; un peu plus développé à gauche qu'à droite; cachant l'estomac, une partie des corps-de-Wolff, les poumons, et présentant sur son bord inférieur une échancrure, qui est l'origine de la fissure antéro-postérieure, échancrure dans laquelle s'engage le tronc de la veine ombilicale (*u*).

Une partie de sa substance a été enlevée pour mettre à découvert le canal veinuex ou d'Arantius (*u*), dont on peut, sur cette figure, mieux apprécier le volume et l'étendue, et les veines hépatiques (*u'*) et porte-hépatiques (*u''*), entre lesquelles ce canal est compris.

i. Intestin dont l'anse unique, déjetée à droite, donne insertion, par son sommet, au pédicule de la vésicule ombilicale. On voit en *x* la coupe de ce pédicule.

a. Artère omphalo-mésentérique droite, cachée par l'anse intestinale, dont elle longe le côté droit.

j. Veine omphalo-mésentérique gauche.

n, n Artères allantoïdiennes ou ombilicales, accompagnant l'ouraque.

u. Veine allantoïdienne ou ombilicale gauche, se portant du cordon ombilical dans le foie, qu'elle traverse.

m. Corps-de-Wolff gauche en grande partie caché par le foie, l'intestin et l'ouraque.

7. Bourgeon génital, divisé à sa face inférieure par un sillon longitudinal qui le convertit en gouttière, à la base de laquelle se trouve l'orifice externe des organes génito-urinaires.

Les chiffres 3, 4, 5, 8, 9, 9' indiquent les mêmes parties que dans la figure précédente.

FIG. C. Même embryon, également vu de face, mais différant de la figure précédente en ce que la cavité bucco-nasale est ici largement ouverte; que le cœur, retiré de sa cavité, un peu renversé et repoussé sur l'un des côtés, laisse voir les troncs qui émanent du bulbe aortique; que le foie, complétement enlevé, met à découvert les poumons, l'estomac, une portion de l'œsophage; et que les parois abdominales, ouvertes jusqu'aux profondeurs du bassin, montrent les corps-de-Wolff dans toute leur étendue, et les connexions qui existent entre les canaux excréteurs qui longent le côté externe de ces corps, l'intestin et l'ouraque.

c. Confluent du cœur recevant : 1°, la veine ombilicale, dont on voit la coupe; 2°, en *c'*, le tronc commun des veines cave supérieure et azigos du côté droit; 3°, en *o''*, le tronc commun des veines cave supérieure et azigos du côté gauche.

o'. Oreillette gauche du cœur.

v. Ventricule droit du cœur.

v'. Ventricule gauche du cœur.

b. Bulbe aortique, divisé par une cloison intérieure en deux canaux qui se croisent, et s'ouvrent l'un et l'autre dans la cavité commune des ventricules.

De ces deux canaux, que le progrès du développement individualisera au point qu'ils finiront par avoir une origine tout à fait distincte, de commune qu'elle est encore en ce moment; de ces canaux, celui de droite, après avoir croisé le canal situé à gauche, se courbe en arrière, et se divise en deux branches qui embrassent l'œsophage (*b'''*), après avoir donné naissance à deux rameaux descendants (*y*) ; le canal de gauche tend à se porter à droite, et, arrivé à l'œsophage, se divise aussi en plusieurs branches (*b' b''*), qui embrassent également cet organe. Le premier de ces canaux artériels se transformera en *tronc pulmonaire ;* le deuxième deviendra le *tronc aortique.*

b'. Arc artériel branchial destiné à former le tronc de l'*aorte ascendante.*

b''. Arc artériel branchial qui se convertira en *crosse de l'aorte.*

b'''. Arc artériel branchial, qui persistera jusqu'au terme de la gestation sous le nom de *canal artériel,* tandis que son correspondant n'aura eu, comme la plupart des arcs artériels branchiaux du côté droit, qu'une existence éphémère.

y. Artères pulmonaires naissantes, fournies par le canal de droite du bulbe aortique, et émanant du point où ce canal se bifurque pour fournir deux des arcs artériels branchiaux.

Ces artères, dont le calibre est presque microscopique, descendent vers les poumons en longeant la trachée.

œ, œ. Poumons droit et gauche.

Le diaphragme, dans le point qu'occupent ces organes, présente encore un double ombilic, qui met la cavité thorachique largement en rapport avec la cavité abdominale, disposition transitoire qui rappelle, comme nous l'avons dit, la disposition permanente des Oiseaux.

e. Estomac affectant une forme qui se rapproche déjà beaucoup de celle qu'il présente sur des sujets très-avancés en développement.

i. Intestin formant une seule anse, au sommet de laquelle s'insère le pédicule de la vésicule ombilicale (*x*), et communiquant par son extrémité postérieure avec les conduits des organes génitaux, avec les canaux excréteurs des corps-de-Wolff, et avec l'ouraque ou pédicule de l'allantoïde; disposition qui constitue, chez l'espèce humaine, un cloaque transitoire.

m. Corps-de-Wolff droit et gauche, parallèlement disposés à côté l'un de l'autre, mais séparés par l'étroite lame mésentérique qui soutient l'anse intestinale ; s'étendant du cœur à l'extrémité postérieure de l'intestin où viennent s'ouvrir leurs canaux excréteurs, en commun avec les futurs conduits (oviducte ou spermiducte) de la génération.

Les canaux excréteurs de la glande transitoire, et les futurs conduits de la génération, adossés l'un à l'autre, longent le côté externe des corps-de-Wolff, pendant que l'organe, que le progrès du développement convertira en testicule ou en ovaire, en occupe, sous forme de bande blanchâtre, le côté interne, comme le montre la figure.

j. Veine omphalo-mésentérique gauche.

Arrivée à la région pylorique, cette veine, après avoir reçu de l'estomac, de l'intestin, du mésentère, etc., de très-petites branches veineuses, qui sont l'origine du système *porte-abdominal*, contourne l'intestin, pour s'unir au tronc de la veine omphalo-mésentérique droite, dont on voit la coupe en *s*, tronc qui persistera sous le nom de veine porte abdominale.

n, *n*. Artères ombilicales ou allantoïdiennes.

u. Veine ombilicale ou allantoïdienne gauche.

On voit sur la coupe du cordon ombilical, entre les artères (*n*, *n*), et un peu en avant de la veine (*u*), la coupe du canal de l'ouraque.

3. Aile gauche du nez, limitant, au dehors, la fosse nasale du même côté.

4. Bourgeon maxillaire, représentant le côté gauche de la mâchoire supérieure.

5. Mâchoire inférieure.

L'espace circonscrit par le bourgeon médian (bourgeon incisif) qui sépare les narines et les ailes du nez, par les deux appendices libres qui représentent la mâchoire supérieure (4), et par la mâchoire inférieure (5), constitue l'ouverture *bucco-nasale*.

En outre, ceux des appendices qui sont situés au-dessus de la mâchoire inférieure forment, par leur disposition actuelle, un double *bec de lièvre normal*, qui est manifestement l'origine, comme le démontre le progrès du développement, des anomalies congéniales de la face.

z. Bourgeon représentant la langue.

Les chiffres 8, 9, 9' indiquent les mêmes parties que dans la figure A.

ESPÈCE HUMAINE. PLANCHE IV^a.

FIG. D. Cœur, dont on a enlevé, par une incision circulaire, la pointe des ventricules (*v*, *v'*), pour montrer la cavité qui est commune à ces ventricules, et le double canal (*p*) du bulbe aortique qui y aboutit.

Dans cette figure, *c*, désigne le confluent du cœur; *o*, l'oreillette droite; *o'*, l'oreillette gauche.

FIG. E. Figure destinée à montrer plus particulièrement les modifications qu'a déjà subies l'appareil branchial, et les relations qui existent entre cet appareil et les organes de la respiration. (Voir, comparativement, la figure C de la planche III^a, — Espèce humaine.)

5. Mâchoire inférieure, en partie cachée par la langue (*z*), et surmontant le premier arc branchial avec lequel elle conserve des rapports.

6. Premier arc branchial, le seul qui persiste pour se convertir en *os hyoïde*.

Il donne appui à la base de la langue, et supporte les futurs organes de la respiration.

l. Larynx primitif, au centre duquel existe une fente longitudinale qui représente la *glotte*, fente au sommet de laquelle se montre un petit bourgeon triangulaire, qui est l'origine de l'*épiglotte*.

Cette fente communique avec un canal (future *trachée-artère*) qui se bifurque après un certain trajet, et se prolonge jusqu'aux poumons, dans les lobules desquels il se termine en cul-de-sac.

z. Bourgeon représentant la langue.

EXPLICATION DES PLANCHES.

ESPÈCE HUMAINE.

PLANCHE V^a^.

FIG. A. Embryon âgé de quarante jours environ, provenant d'une femme surcidée, grandi neuf fois, vu de profil par le côté droit.

L'amnios qui l'enveloppait est incisé et rejeté sur les côtés; les parois des cavités thorachiques et abdominales enlevées, laissent à découvert les organes qui y sont renfermés, et le canal qui parcourt le cordon est également ouvert depuis l'anneau ombilical jusqu'au chorion.

10. Vésicule ombilicale (*feuillet intestinal ou interne du blastoderme*), flottant à l'extrémité d'un pédicule grêle et allongé, et pourvue d'un riche appareil vasculaire qui en forme presque seul la paroi.

Les vaisseaux qui composent cet appareil, vaisseaux dont la dispotion réticulée et la saillie extérieure donnent à la vésicule l'apparence d'une morille, appartiennent, les uns aux artères, les autres aux veines *omphalo-mésentériques*; artères et veines dont les troncs principaux, primitivement au nombre de quatre, sont maintenant réduites à deux : l'artère *omphalo-mésentérique* droite (*a*) et la veine *omphalo-mésentérique* gauche (*j*); les troncs de l'artère gauche et de la veine droite s'étant oblitérés et atrophiés.

x. Pédicule de la vésicule ombilicale, réduit, dans les cinq-sixièmes de sa longueur, à un filet quelquefois inappréciable, étroitement accolé aux vaisseaux omphalo-mésentériques qu'il supportait, encore visible, depuis son point d'insertion au sommet de l'anse intestinale primitive, jusqu'à une certaine distance au-dessus, mais oblitéré dans tout son parcours, même dans la partie renflée qu'on observe près de son origine.

Ce pédicule, et les deux troncs vasculaires qui l'accompagnent, suit le canal creusé dans le cordon ombilical, et sort de ce canal par un ombilic étroit, que laisse l'amnios en se réfléchissant sur la face fœtale du chorion.

a. Tronc principal de l'*artère omphalo-mésentérique* droite, provenant de l'aorte abdominale, et se portant sur le pédicule de la vésicule ombilicale en longeant l'anse intestinale primitive, à laquelle il distribue des ramuscules artériels.

La portion de ce tronc qui est en rapport avec l'intestin, et les artérioles qui en émanent, formeront l'*artère mésentérique supérieure* de l'adulte.

Le tronc de l'artère *omphalo-mésentérique gauche* est complétement atrophié.

j'. Tronc principal de la *veine omphalo-mésentérique* gauche, accompagnant l'artère du même nom, depuis la vésicule ombilicale, où elle naît, jusqu'au renflement qu'offre, à sa base, le pédicule de cette vésicule. Là il s'en isole, se porte, en suivant le côté gauche de l'anse intestinale, sur le petit cul-de-sac de l'estomac, contourne cet organe après avoir reçu quelques veines qui sont l'origine du *système porte-abdominal*, et vient s'emparer du tronc (*j*) de la veine *omphalo-mésentérique* droite (seule portion de cette veine qui persiste), pour se jeter en *s* dans la veine ombilicale, au point où cette veine reçoit les vaisseaux qui formeront le système *porte-hépatique*.

Le tronc de la veine *omphalo-mésentérique* droite a subi le sort de l'artère *omphalo-mésentérique* gauche.

i. Tube intestinal, formant une anse étroite et allongée, que longe, dans toute son étendue, l'artère *omphalo-mésentérique* droite. Cette première anse, au sommet de laquelle s' insère le pédicule de la vésicule ombilicale (*x*), fait hernie dans le cordon, et se montre déjà un peu plus compliquée que dans la figure A de la planche IVa (Espèce humaine). Elle est plus large à son sommet et présente des coudes qui sont l'origine de nouvelles anses intestinales. L'appendice iléocœcal y est également plus prononcé.

e. Estomac, mis à découvert, dans une certaine étendue, par la dissection partielle du foie.

m. Corps-de-Wolff droit. Il est légèrement recourbé en arc de cercle et ne s'avance plus aussi haut dans la cavité abdominale que sur des embryons moins âgés. Son canal excréteur, qui se distingue du futur conduit de la génération (oviducte ou spormiducte) auquel il est accolé, par les nombreux cœcums qui viennent y aboutir, règne tout le long de son bord externe, pendant que son bord interne se trouve en rapport avec un corps fusiforme (*t*), qui sera ou testicule ou ovaire, selon le sexe du sujet. Au-dessous de cet organe, et plus en dedans, existe un autre corps (*r*), en partie visible ici, qui représente la capsule surrénale droite.

Le corps-de-Wolff du côté gauche, dans cette figure, est entièrement caché par les organes contenus dans la cavité abdominale.

t. Organe fusiforme occupant presque tout le bord interne du corps-de-Wolff, et représentant ou le testicule ou l'ovaire droit, selon que le sujet est mâle ou femelle.

v. Capsule surrénale droite, en rapport de contiguïté avec le corps-de-Wolff correspondant, au dessous et en dedans duquel elle est située.

Relativement aux dimensions que présentent les reins, les capsules surrénales ont, à cette époque du développement, un volume considérable.

1. Portion placentaire du chorion (allantoïde transformée) faisant suite au cordon ombilical, et portant dans l'épaisseur de ses parois les deux artères (*n*, *n*) ombilicales ou allantoïdiennes, gauche et droite, et la veine gauche (*u*) du même nom.

2. Cordon ombilical, en grande partie formé par l'ouraque (pédicule de l'allantoïde).

Le canal qui le creuse est ouvert depuis l'anneau ombilical jusqu'au chorion, et dans ce canal se montrent l'anse intestinale primitive (*i*), le pédicule de la vésicule ombilicale (*x*) tenant à cette anse intestinale, l'artère (*a*) et la veine (*j'*) omphalo-mésentériques qui accompagnent ce pédicule, l'ouraque (*d*) et les vaisseaux allantoïdiens ou ombilicaux (*n*, *n*, *u*).

2'. Amnios incisé et déjeté sur les côtés.

La continuité directe de cette membrane avec la paroi du cordon ombilical est ici aussi manifeste que sur les figures A des planches IIIa et IVa (Espèce humaine).

d'. Ouraque (pédicule de l'allantoïde), formant la partie du cordon ombilical dans laquelle rampent les artères et les veines ombilicales ou allantoïdiennes.

n, *n*. Artères ombilicales ou allantoïdiennes, accompagnant l'ouraque, et se distribuant sur le chorion.

u. Veine ombilicale ou allantoïdienne gauche, se portant du chorion sur l'ouraque qu'elle longe jusqu'à l'anneau ombilical, pour se jeter de là dans le foie (*f*).

A son entrée dans cet organe, la veine ombilicale, indépendamment de la veine omphalo-mésentérique (*j*) ou future *veine-porte abdominale*, reçoit, dans le même point, les veines qui formeront le *système porte-hépathique* (*u''*, *u''*). Elle continue ensuite son trajet sous le nom de *canal veineux* ou d'*Arantius*, et va se jeter directement dans le confluent du cœur. Mais avant d'abandonner le foie et de traverser la cloison diaphragmatique, la veine ombilicale reçoit aussi, en arrière, la veine cave inférieure (*q*), en avant et sur les côtés les veines sus-hépatiques (*u'*, *u'*). L'espace compris entre ces dernières et les veines porte-hépatiques (*u''*, *u''*) marque l'étendue du canal veineux; canal dont le calibre, quoique toujours volumineux, a cependant déjà diminué d'une manière sensible.

La veine ombilicale ou allantoïdienne droite, complétement oblitérée dans le cordon, n'offre plus, sur le côté droit de l'anneau ombilical, qu'un tronc excessivement faible, dans lequel vont se jeter quelques-uns des nombreux vaisseaux transitoires (II) qui se distribuent sur les parois abdominales.

u', *u'*. Veines hépatiques, tirant leur origine du foie, où elles ont de larges et fréquentes anastomoses avec les *veines porte-hépaiques* (*u''*, *u''*), et se jetant dans la veine ombilicale, en avant et un peu au-dessous du point où vient déboucher la veine cave inférieure (*q*).

u", *u*". Veines porte-hépatiques, se distribuant dans le foie où elles s'anastomosent avec les veines hépatiques (*u*').

q. Veine cave inférieure, se jetant dans la veine ombilicale, ou plutôt dans le tronc commun aux veines ombilicales, omphalo-mésentériques, porte et hépatiques, au point où ce tronc cesse d'être canal veineux, un peu au-dessus et en avant des veines hépatiques.

f. Foie, dont une portion de la moitié droite a été enlevée et disséquée, pour mettre à découvert l'estomac (*e*), le poumon droit (*œ*), la veine cave inférieure (*q*), le tronc de la veine porte abdominale (*j*), le tronc (*s*) et les rameaux de la veine porte-hépatique (*u*", *u*"), le canal veineux (*u*) et les veines hépatiques (*u*", *u*").

œ. Poumon droit, déjà formé par un assez grand nombre de lobules, dans chacun desquels aboutit un canal bronchique, qui s'y termine en ampoule.

Ce poumon et son congénère sont encore situés au-dessous du cœur, et derrière le foie, avec lequel ils sont directement en rapport, le diaphragme offrant toujours dans le point qu'ils occupent un large ombilic, qui fait communiquer la cavité abdominale avec la cavité thorachique; disposition transitoire qui rappelle la disposition permanente des Oiseaux.

o. Oreillette droite du cœur, cachant l'oreillette gauche.

v'. Ventricule droit du cœur.

v'. Ventricule gauche du cœur, en partie caché par le ventricule droit. Un sillon établit, à l'extérieur, la distinction de ces deux ventricules.

w. Canal transitoire, qui met en communication la cavité commune des oreillettes avec la cavité commune des ventricules.

3. Aile droite du nez.

4. Bourgeon maxillaire, représentant la moitié droite de la mâchoire supérieure.

Le sillon primitif, qui séparait ce bourgeon de l'aile du nez et aboutissait par son extrémité postérieure à l'angle interne de l'œil, s'est ici converti en canal lacrymal.

5. Mâchoire inférieure.

6. Première fente branchiale droite, réduite, dans sa moitié antérieure, à un sillon très-superficiel et presque effacé, qui se termine postérieurement en un pertuis profond, représentant le conduit auditif externe.

6'. Angle postérieur de la fente branchiale droite, converti en *conduit auditif externe*.

Il est bordé par un petit bourrelet charnu accidenté, destiné à former la conque auditive.

7. Bourgeon génital, surmontant l'orifice externe des organes génito-urinaires.

8. Extrémité caudale ou coccygienne de l'embryon, ayant déjà subi un commencement de retrait.

Elle est, en effet, comparativement moins prononcée que sur les embryons représentés dans les planches IIIa et IVa (Espèce humaine), figures A.

9. Membre droit supérieur.

On commence à y distinguer l'avant-bras, le bras, la main, sur le bord antérieur de laquelle les premières traces des doigts dessinent des festons, qui donnent à cette main l'apparence des pieds palmés des Ornithodelphes.

9'. Membre droit inférieur.

La cuisse et la jambe y sont encore confondues, et la partie qui représente le pied s'en distingue par un étranglement; mais cette partie ne présente jusqu'ici aucune trace de doigts.

11. Lambeau de paroi abdominale renversé, sur lequel existent quelques vaisseaux dont les troncs se dirigent vers l'anneau ombilical.

Ces vaisseaux sont le reste du riche appareil veineux transitoire qui, des parois abdominales sur lesquelles il était répandu, se portait vers la veine ombilicale ou allantoïdienne droite, dans laquelle il pénétrait par une foule de troncs placés les uns à la suite des autres. Ils suivent la destinée de la veine qui les reçoit et s'éteignent complétement avec elle.

Le même réseau existe sur la paroi abdominale du côté gauche, et se porte également dans la veine ombilicale correspondante ; mais il a une existence beaucoup plus éphémère que cette veine, car il s'atrophie presque aussitôt que celui du côté droit.

Fig. B. Même embryon sur lequel la dissection, poussée plus loin que dans la figure précédente, met à découvert quelques organes cachés, et fait mieux apprécier la disposition de certains autres. Ainsi, la section plus complète et plus profonde des parois de l'abdomen et du cordon ombilical laisse mieux juger de la forme et de l'étendue de l'intestin (*i*), de la direction des vaisseaux ombilicaux (*n*, *n*, *u*), de celle des vaisseaux omphalo-mésentériques (*a'*, *j'*), et rend évidents les rapports qui existent entre l'ouraque (*d*), le rectum (*k*), le corps-de-Wolff (*m*, *m*). Le déplacement de ce dernier et l'ablation du poumon droit (*æ*) mettent à nu, dans une assez grande étendue, l'aorte abdominale (*a*), la veine cave inférieure (*q*), l'azigos droite (*g'*). Enfin, du côté du thorax et du cou, la dissection a également permis de découvrir quelques-uns des vaisseaux qui aboutissent au confluent du cœur (*c*).

10. Vésicule ombilicale, dont la paroi est ouverte pour montrer la disposition que présente, à l'intérieur, le réseau vasculaire qui la forme presque en entier.

i. Tube intestinal.

La portion de ce tube qui représente le duodénum a été en partie enlevée pour suivre le trajet de la veine omphalo-mésentérique gauche (*j'*), et la voir passer dans le tronc (*j*) de la veine omphalo-mésentérique droite (future *veine porte-abdominale*). La branche ascendante (*i*) de l'anse primitive, et une partie de la branche descendante, jusqu'à *i'*, constituera l'*intestin proprement dit*, ou *intestin grêle*, dont on voit déjà se dessiner quelques circonvolutions; tout le reste, de *i'* à *k*, appartiendra au *gros intestin*, à l'extrémité postérieure duquel viennent encore s'ouvrir, à cet âge, les canaux excréteurs des Corps-de-Wolff (*m'*), les futurs conduits de l'appareil génital qui longent ces canaux, l'ouraque (*d*), et, sur les côtés du pédicule de celle-ci, les uretères.

i''. Appendice cœcal, marquant la limite de l'intestin grêle et du gros intestin auquel il appartient.

k. Extrémité postérieure du rectum, en communication avec les canaux excréteurs des corps-de-Wolff (*m'*), avec les futurs conduits (spermiducte ou oviducte) de l'appareil génital qui accompagnent ces canaux, et avec le pédicule de l'ouraque (*d*), sur les côtés duquel débouchent les uretères.

m'. Canal excréteur du corps-de-Wolff droit, s'ouvrant à l'extrémité postérieure du rectum (*k*).

d, *d'*. Ouraque (pédicule de l'allantoïde), accompagné, dès son origine, par les vaisseaux ombilicaux ou allantoïdiens. Le canal, qui en occupe le centre, et qui s'est déjà sensiblement dilaté à sa base (*d*), dans le point qui se convertira en vessie urinaire, se prolonge encore assez haut dans le cordon ombilical.

e. Estomac, séparé de l'intestin par une incision circulaire, pratiquée vers le point correspondant au petit cul-de-sac.

æ'. Loge qu'occupait le poumon droit, dont on a fait l'ablation. Elle est circonscrite par le diaphragme, et le trou qui en occupe l'angle supérieur exprime la place du tronc bronchique auquel il livrait passage.

æ. Cavité pharyngienne, rendue visible par l'ablation de la moitié droite de la mâchoire inférieure.

a. Aorte abdominale, résultant de la fusion des deux aortes primitives, longeant la colonne vertébrale jusqu'à son extrémité postérieure, où elle s'anastomose, par une double anse, avec les deux azygos inférieures.

Dans son trajet, elle fournit l'artère omphalo-mésentérique droite (*a'*) et les artères ombilicales ou allantoïdiennes (*n*, *n*).

a' Artère omphalo-mésentérique droite, se portant sur la vésicule ombilicale, après avoir longé l'anse intestinale primitive.

Toute la portion qui est en rapport avec cette anse persistera pour former le tronc de l'artère *mésentérique supérieure*, pendant que tout le reste s'oblitérera et s'atrophiera.

b. Bulbe aortique double.

c. Confluent du cœur recevant le sang de toutes les parties du corps de l'embryon et de ses annexes, par l'intermédiaire du tronc commun (future *veine cave supérieure*) des azygos supérieures (*g*) et des azygos inférieures (*g'*) droites et gauches, et par le tronc commun (future *veine cave inférieure*) aux veines ombilicale (*u*), hépatiques (*u'*), porte-hépatiques (*u''*, *u''*), omphalo-mésentériques (*j*) et cave inférieure primitive (*q*).

Ce confluent communique encore avec les deux oreillettes, mais il finira par appartenir exclusivement à celle du côté droit (*o*).

g. Azygos supérieure droite, satellite de l'aorte ascendante primitive du même côté, et remplissant, pour les parties supérieures, les mêmes fonctions que l'azygos inférieure (*g'*) remplit pour les parties postérieures. Elle ramène au cœur le sang de la tête, du cou et des membres thorachiques.

Son tronc principal, dont la plus grande étendue représente la future *veine jugulaire interne*, après avoir reçu de l'azygos supérieure gauche une branche anastomotique que l'on voit au-dessus du bulbe aortique, branche qui deviendra tronc veineux *brachio-céphalique;* son tronc, disons-nous, s'unit à l'azygos inférieure droite, et de leur union résulte une veine unique qui se jette dans le confluent (*c*), et qui formera la *veine cave supérieure.*

g'. Azygos inférieure droite, satellite de l'aorte abdominale primitive du même côté, et s'anastomosant directement avec elle à l'extrémité postérieure de l'embryon.

Vers le point correspondant aux lombes, l'azygos inférieure droite envoye à la veine cave inférieure (*q*) une branche anastomotique (*z*), qui deviendra l'*iliaque primitive droite,* et reçoit, dans la région qu'occupait le poumon droit, un faisceau de veines qui représentent les *veines intercostales* de ce côté.

L'azygos inférieure gauche se comporte de la même manière que la droite.

l. Veine sous-clavière droite, coupée.

q. Veine cave inférieure, s'anastomosant, à la région lombaire, avec les azygos, par deux branches qui formeront les *iliaques primitives* droite (*z*) et gauche, et recevant, vers le milieu de son trajet, des ramuscules veineux (*q'*), qui proviennent du corps-de-Wolff, des capsules surrénales et des reins, ramuscules dont quelques-uns se convertiront en *veines émulgentes* ou *rénales.*

La veine cave inférieure, dont le rôle, à l'origine, est à peu près nul, devient de plus en plus important, à mesure que le développement se poursuit. Par suite de ses rapports avec les azygos inférieures, elle finit par s'assimiler la portion de ces veines qui, des lombes, s'étend aux profondeurs du bassin, c'est-à-dire tout ce qui, plus tard, constituera le tronc des veines *hypogastriques* et *iliaques externes.* Du côté du cœur, à mesure que la veine ombilicale s'éteint, elle s'approprie le tronc de cette veine, depuis sa jonction avec elle, jusqu'au confluent.

q'. Ramuscules veineux, se portant du corps-de-Wolff, des capsules surrénales et des reins, dans la veine cave inférieure, et destinés, les uns à s'atrophier, les autres à former les veines émulgentes.

z. Branche anastomotique (future *iliaque primitive* droite), qui unit la veine cave inférieure à l'azygos droite.

4. Bourgeon maxillaire droit, destiné, par sa réunion à celui du côté opposé, à former la mâchoire supérieure.

Les deux bourgeons ne sont encore au contact l'un de l'autre que par l'angle supérieur de leur bord interne.

5. Mâchoire inférieure, dont une grande partie de la moitié droite est enlevée.

5'. Langue.

6. Bulbe auditif interne.

Les lettres *f*, *j*, *j'*, *m*, *n*, *o*, *r*, *s*, *t*, *u*, *v*, *v'* *w*, *x*, et les chiffres 3, 7, 8, 9, 9', désignent les mêmes parties que dans la figure précédente.

EXPLICATION DES PLANCHES.

ESPÈCE HUMAINE.

PLANCHE VIII.

Utérus en état de gestation, de grandeur naturelle, pris à la Morgue de Paris sur une femme primipare, qui s'est suicidée à la fin du quatrième mois de la grossesse. Il est ouvert par sa face postérieure. Le lambeau qui résulte de l'incision est étalé sur le côté gauche, pendant que la poche qui renferme le fœtus est déjetée sur le côté droit pour laisser la plus grande partie de sa surface interne à découvert. Tous les points de cette surface que le placenta n'occupe pas, et que l'œuf permet de voir, sont couverts par un riche réseau vasculaire superficiel, appartenant à la muqueuse utérine, et communiquant fréquemment, par de larges sinus, avec les vaisseaux plus profonds de la couche musculeuse. Quelques-uns de ces sinus intermédiaires, les uns intacts, les autre divisés, se voient sur le lambeau de muqueuse détaché de la paroi musculaire et rabattu en dedans. La position qu'occupe l'œuf sur la face antérieure de la matrice n'est pas tout à fait centrale; son placenta envahit une portion de la face postérieure, et oblitère l'orifice interne de la trompe droite par laquelle est arrivé l'ovule, comme l'indiquait la présence d'un corps jaune sur l'ovaire de ce côté.

La cavité utérine était entièrement comblée par l'œuf, et ne contenait pas la plus légère trace de liquide. La portion de muqueuse utérine qui double la face externe du chorion (*caduque réfléchie*), et celle qui tapisse intérieurement les parois de l'utérus (*caduque pariétale*) étaient au contact l'une de l'autre, mais n'adhéraient par aucun point de leur surface. L'orifice interne de la trompe gauche et celui du col, voilés seulement par les membranes de l'œuf, étaient d'ailleurs parfaitement perméables. Le col, surtout dans la partie moyenne, était comblé par un flocon albumineux transparent et peu dense, ayant sa source dans les glandes nombreuses dites, de *Naboth*, qui existent sur cette portion de l'organe.

c, c. Muqueuse utérine (*caduque utérine* ou *pariétale* des auteurs), dont l'épaisseur a considérablement diminué, si on la compare à celle qu'elle avait dans le premier et le second mois de la grossesse. (Voir les planches II[a], V[a], VII et XII — Espèce humaine). Elle ne forme plus maintenant à toute la face interne de l'utérus qu'une couche de deux à trois millimètres environ; mais elle est toujours parcourue par de nombreuses veines, dont le volume s'est notablement accru, et qui viennent s'épanouir à la surface en un réseau à mailles serrées; réseau que rend irrégulier, surtout dans le voisinage du placenta, la dilatation, en sinus, de la plupart des vaisseaux qui le composent. Sur le lambeau rabattu, on voit quelques-uns de ces sinus superficiels coupés, et dans le point où la séparation de cette membrane et des parois utérines s'arrête, d'autres sinus entiers qui, de la couche muqueuse, passent à la couche musculeuse. On y voit aussi quelques-unes des artères spirales (*a*), et, mêlées à des lames fibreuses, les glandules (*g, g*) qui font partie de la muqueuse.

a, a. Artères spirales qui, de la couche musculeuse, pénètrent dans la couche muqueuse où elles se distribuent.

g, g. Glandes qui entrent dans la composition de la muqueuse utérine.

Elles sont simples; mais leur canal hypertrophié est très-enroulé et amassé en peloton, ce qui leur fait prendre l'apparence des glandes sudorifères de la peau.

r, r. Portion de muqueuse utérine (*caduque réfléchie des auteurs*), réfléchie sur toute la surface du chorion avec lequel elle a contracté de nombreuses adhérences par l'intermédiaire des villosités choriales que l'atrophie n'a pas entièrement éteintes. Cette caduque, dont l'épaisseur, dans le voisinage du placenta, a tout au plus un millimètre, est réduite partout ailleurs, et surtout au point culminant de l'œuf, à une membrane excessivement mince, assez transparente pour ne dissimuler aucune des formes de l'embryon. En outre, elle est entièrement dépourvue des vaisseaux, des glandes qui, primitivement, entraient dans sa composition (voir les utérus représentés planches II et V—Espèce humaine), et qui se montrent encore si abondants et si développés sur la muqueuse pariétale. Elle ne conserve donc, à cet âge, aucun caractère qui puisse rappeler son origine.

Une large incision, s'étendant de la circonférence du placenta au sommet de l'œuf, met à découvert une partie du chorion, et permet de pénétrer jusqu'aux villosités placentaires (*v*).

k. Chorion, laissant voir par transparence l'embryon, et ne présentant plus çà et là que quelques villosités atrophiées et réduites à de simples brides, qui sont un reste de l'adhérence que la plupart d'entre elles avaient contractée avec la muqueuse réfléchie.

o. Cordon ombilical, formant une double anse autour du cou de l'embryon, vu par transparence à travers les membranes de l'œuf.

s, *s*. Sinus veineux superficiels de la muqueuse utérine, formant, par leur réunion, le *sinus coronaire du placenta*.

Ces sinus s'ouvrent largement les uns dans les autres et communiquent aussi avec les sinus moins développés du reste de la muqueuse, avec ceux de la couche musculeuse, et surtout avec les grandes lacunes veineuses placentaires.

u, *u*. Portion musculaire du corps de l'utérus, montrant, sur la coupe, la cavité d'un grand nombre de sinus veineux de différentes grandeurs.

u'. Portion musculaire du col de l'utérus, se distinguant de celle du corps par l'absence des grands sinus.

n. Mucus sécrété par les glandes mucipares qui existent dans la muqueuse qui tapisse le col utérin.

n, *n*. Glandes mucipares (*œufs* ou *glandes de Naboth*) rendues turgescentes par le mucus qu'elles renferment. Deux d'entre elles sont ouvertes, et la plupart laissent échapper leur contenu.

t. Orifice interne de la trompe utérine gauche.
t'. Pavillon de la trompe utérine gauche.
v. Villosités placentaires.

Nota. A cet âge, et même à une époque plus avancée du développement, la vésicule ombilicale, quoique ne fonctionnant plus depuis longtemps, laisse parfois des traces très-appréciables de son existence. Ici elle était probablement déjà atrophiée et résorbée; car rien, dans les parties constituantes de l'œuf, ne pouvait être rapporté à cet organe.

EXPLICATION DES PLANCHES.

BREBIS.

PLANCHE V.

Fig. 1. Œuf âgé de vingt-deux à vingt-cinq jours, pris dans l'utérus et grandi environ dix fois.

L'embryon, vu de profil, par le côté droit, est fortement recourbé sur lui-même, et de son ombilic, encore largement ouvert, sortent isolément le pédicule de la vésicule ombilicale et celui de l'allantoïde. Les bourgeons qui représentent les membres, et qui existent le long de la colonne vertébrale, les deux thorachiques vis-à-vis le bord antérieur de l'ouverture ombilicale, les deux pelviens près de l'appendice caudal, ont à peu près le même développement et la même forme. Les parois de l'abdomen, malgré le réseau vasculaire transitoire qui les couvre, sont assez transparentes pour que l'on aperçoive dans la cavité abdominale le foie et les corps-de-Wolff. Ces derniers remontent jusqu'au niveau des ventricules.

c, c. Membrane externe de l'œuf, que l'on peut, eu égard à sa position, considérer comme un *chorion*, mais que nous avons vue n'être autre chose que le *feuillet externe du blastoderme* (voir la figure 1 de la planche IV. Brebis). Elle est incisée crucialement, et ses lambeaux écartés laissent à découvert l'embryon et une partie de ses annexes.

o, o. Vésicule ombilicale (*feuillet intestinal* ou *interne du blastoderme*), sortant du ventre de l'embryon à travers l'ombilic abdominal. Son large pédicule, après un court trajet, se bifurque en deux cornes qui s'engagent, l'une de chaque côté, dans le long boyau que forme la membrane la plus externe de l'œuf (*c*), et s'y terminent par des espèces de circonvolutions renflées, qui n'ont rien de régulier ni de fixe. Cette vésicule, dont le volume a déjà diminué, est vasculaire dans toute son étendue, excepté à l'extrémité terminale enroulée et renflée. Les vaisseaux qui la parcourent, et qui sont au nombre de quatre, (une artère et une veine pour chaque côté), constituent les vaisseaux *omphalo-mésentériques*. L'artère et la veine du côté droit sont seules visibles sur cette figure. Le tronc de celle-ci, plus volumineux, est près du bord antérieur du pédicule ; le tronc de l'aorte, plus petit, rampe vers le milieu de ce pédicule.

La vésicule ombilicale, au point où elle se bifurque, présente, entre les deux cornes, un sillon, ou plutôt une fente qui permet de pénétrer profondément dans sa cavité.

a, a. Allantoïde, en rapport avec l'intestin d'où elle tire son origine par un pédicule gros, creux, qu'embrasse, en arrière, la membrane amnios (*b*), et qu'accompagnent les quatre vaisseaux *allantoïdiens* ou *ombilicaux*. Elle a déjà envahi près de la moitié du boyau que forme la membrane la plus extérieure de l'œuf, et les vaisseaux allantoïdiens, dont les troncs, au nombre de deux de chaque côté, longent son bord inférieur, se distribuent dans ses parois.

b, b. Amnios, se continuant avec tout le pourtour de l'ombilic abdominal, et se réfléchissant en arrière de la base du pédicule de l'allantoïde.

La faible quantité de liquide qu'il renferme, commence à l'isoler du corps de l'embryon.

i, i. Artères allantoïdiennes ou ombilicales, naissant de l'extrémité de l'aorte abdominale, d'où elles se portent sur l'ouraque, qu'elles longent pour aller se distribuer aux parois de l'allantoïde. Avant de gagner leur corne respective, ces artères s'unissent par une arcade volumineuse, et, pendant leur trajet le long de l'ouraque, elles envoyent à cet organe un réseau des plus riches et des plus ténus (*u*), qui s'anastomose avec un réseau tout aussi fin que reçoivent les veines allantoïdiennes ou ombilicales. L'appareil vasculaire que forment sur l'ouraque ces deux ordres de vaisseaux est transitoire, mais il ne s'oblitère que très-tard.

y. Veine ombilicale droite, naissant des parois de la corne droite de l'allantoïde, et ramenant au cœur une partie du sang de cet organe. Son tronc accompagne celui de l'artère allantoïdienne correspondante jusqu'à la base du pédicule de l'allantoïde. De là, elle se porte à droite du pourtour de l'ombilic, va à la rencontre de la veine ombilicale qui rampe sur le côté gauche et s'anastomose avec elle au-devant du foie. Le tronc commun qui résulte de leur réunion traverse cet organe sous le nom de *canal veineux* ou d'*Arantius*, et va se jeter dans le confluent commun (*d*).

Dans leur trajet le long du pourtour ombilical, les deux veines allantoïdiennes reçoivent des parois abdominales de nombreux ramuscules veineux, appartenant à un appareil vasculaire transitoire comme celui de l'ouraque.

f. Foie vu par transparence. On y peut suivre le tronc commun des veines ombilicales qui le traverse (*canal veineux* ou d'*Arantius*), pour aller se jeter dans le confluent commun (*d*).

d. Confluent du cœur où se rendent les troncs principaux de toutes les veines de l'embryon et de ses annexes.

d'. Tronc commun des veines du côté droit, qui ramène au cœur le sang des parties antérieures de l'embryon (*azygos supérieure droite*).

d''. Tronc commun des veines du côté droit, qui ramène au cœur le sang des parties postérieures de l'embryon (*azygos inférieure droite*).

Ce tronc s'unit à celui qui descend des parties antérieures, et leur union forme un tronc unique (tronc de la *future veine cave supérieure*), qui, après un court trajet, se jette dans le confluent commun (*d*).

k. Oreillettes du cœur. La droite cache presque en entier la gauche. Elles sont séparées extérieurement par un sillon, mais elles ont une cavité commune. On pourrait dire, avec quelque fondement, qu'elles ne sont qu'une dilatation, à droite et à gauche, du vaisseau unique qui résulte de la réunion de toutes les veines. Un canal très-court et large met la cavité commune des oreillettes en communication avec la cavité commune des ventricules (*v*).

v. Ventricule droit du cœur, cachant en grande partie le ventricule gauche.

v'. Bulbe aortique, de l'extrémité duquel partent six branches artérielles, trois de chaque côté, qui, après avoir traversé les arcs branchiaux et s'être réunies en arcades sur les parties latérales du cou, fournissent à droite et gauche une branche qui remonte vers la tête (*futures carotides*), et une branche qui descend vers la queue (*double aorte abdominale*).

m, m', m''. Premier, deuxième et troisième arcs branchiaux, situés sur les côtés du cou, au-dessous de la mâchoire inférieure ; séparés l'un de l'autre par des *fentes* dites *branchiales*, et donnant passage aux artères branchiales.

p, Bulbe auditif interne.

FIG. 2. Fragment d'allantoïde grossi, pour montrer le réseau vasculaire que forment, dans les parois de cet organe, les vaisseaux *allantoïdiens* ou *ombilicaux*.

FIG. 3. Fragment du pédicule de la vésicule ombilicale grossi, pour montrer le réesau vasculaire que forment, dans ses parois, les vaisseaux *omphalo-mésentériques*.

FIG. 4. Fragment de la membrane la plus extérieure de l'œuf (feuillet externe du blastoderme), montrant l'organisation exclusivement celluleuse de cette membrane, et les modifications que le contenu celluleux y a subies.

EXPLICATION DES PLANCHES.

BREBIS.

PLANCHE VI.

Œuf âgé de vingt-trois à vingt-quatre jours, pris dans l'utérus et grandi environ dix fois.

Le chorion (*c*) ou *feuillet externe du blastoderme* est incisé crucialement, et ses lambeaux, rejetés sur les côtés, laissent à nu une partie de l'allantoïde, de la vésicule ombilicale et la poche amniotique, poche à travers les parois de laquelle se montre l'Embryon. Celui-ci, vu de profil, par le côté droit, est beaucoup plus fortement recourbé sur lui-même que le sujet figuré dans la planche précédente. Les bourgeons qui représentent les membres supérieurs et inférieurs, ceux qui formeront la machoire supérieure, le bourgeon incisif, la machoire inférieure, les arcs branchiaux, l'œil, les fosses olfactives et l'appendice caudal n'ont subi aucune modification digne d'être signalée.

o, *o*. Vésicule ombilicale (*feuillet interne ou intestinal du blastoderme*), dont le pédicule est encore très-volumineux, et s'engage, en sortant du ventre de l'Embryon, dans le canal large et court que forme le cordon ombilical. Après un court trajet au delà de l'ombilic qui occupe le sommet de ce cordon, le pédicule se bifurque, et les deux cornes déjà considérablement amoindries qui en résultent, s'engagent, l'une à droite, l'autre à gauche, dans le long boyau que représente l'œuf, et se terminent aux extrémités de ce boyau par des espèces de circonvolutions et de nodosités qui n'ont rien de fixe ni dans la forme, ni dans le nombre. Le réseau vasculaire qui, primitivement, couvrait en entier les parois de cette vésicule, s'est éteint ou est en voie d'atrophie sur une grande étendue des cornes, et ne se montre plus, avec quelque régularité, que sur leur première moitié. Le pédicule seul n'a encore rien perdu de sa vascularité : les troncs des vaisseaux *omphalo-mésentériques* (artères et veines) auxquels il sert de soutien, s'y ramifient et s'y anostomosent à l'infini.

La vésicule ombilicale, au point où ses cornes se croisent, présente une fente à travers laquelle on pénètre assez profondément.

a, a. Allantoïde, en rapport avec l'extrémité postérieure de l'intestin, d'où elle tire son origine par un pédicule creux (ouraque), qu'embrasse en arrière l'amnios, et qu'accompagnent les vaisseaux *allantoïdiens* ou *ombilicaux*, au nombre de quatre, une artère et une veine pour le côté droit, une artère et une veine pour le côté gauche. Elle a déjà envahi près des trois-quarts de l'œuf et forme elle-même, au-dessous de l'enveloppe générale (chorion) qui provient du feuillet externe du blastoderme, un énorme boyau que distend un liquide allantoïdien. A toute sa surface se répand un réseau vasculaire des plus riches, fourni par les troncs des vaisseaux ombilicaux.

Ces modifications ne sont pas les seules dont l'allantoïde ait été le siége : elle tend en outre à envelopper la poche amniotique et l'embryon qu'elle renferme, dans des plis (*a'*, *a*) qui naissent des côtés de son pédicule. Le pli qui se montre au-dessus de la tête (*pli céphalique*) est déjà assez développé pour recouvrir un peu de l'amnios et de la partie antérieure de l'Embryon, tandis que celui qui se manifeste du côté de l'extrémité postérieure (*pli caudal*) est à peine marqué et laisse toute la queue à découvert. Ces deux plis en se rapprochant de plus en plus finiront par envelopper entièrement l'amnios, et le vaste espace circulaire qu'ils dessinent actuellement se réduira à un simple ombilic, livrant passage au pédicule de la vésicule ombilicale.

En sorte que ce pédicule, avant d'être libre, aura alors à traverser deux ombilics : l'*ombilic amniotique* et l'*ombilic allantoïdien.*

b, b. Amnios, un peu plus séparé du corps de l'Embryon que dans la figure 1 de la planche V (Brebis), le liquide amniotique qu'il renferme y étant plus abondant. Il se réfléchit sur le pédicule de l'allantoïde, qu'il enveloppe presque en entier, et forme une gaine courte (*g*) à travers laquelle passe le pédicule de la vésicule ombilicale.

Cette combinaison des deux pédicules et de l'amnios qui les circonscrit, constitue le cordon ombilical actuel.

i, i. Artères allantoïdiennes ou ombilicales, droite et gauche, naissant de l'extrémité postérieure de l'aorte abdominale, et se portant de là sur l'ouraque qu'elles longent pour aller se distribuer aux parois de l'allantoïde. Pendant leur trajet le long de l'ouraque, ces artères, qu'une arcade anastomotique réunit, répandent sur cet organe un réseau très-tenu (*u*).

q, q. Veines allantoïdiennes ou ombilicales, droite et gauche, se portant de l'allantoïde, où elles prennent naissance, au confluent du cœur (*d*), en passant à travers l'ouraque les parois de l'abdomen et le foie (*f*). Dans leur trajet sur le pédicule de l'allantoïde, elles accompagnent les artères allantoïdiennes, dont elles sont les satellites, et reçoiven de nombreux ramuscules veineux du réseau répandu sur l'ouraque.

Un autre réseau des plus riches et des plus tenus (*e*), provenant des parois thorachiques et abdominales, vient se jeter dans toute l'étendue de leur tronc, pendant qu'elles longent l'anneau abdominal. Cet appareil vasculaire est transitoire aussi bien que celui de l'ouraque : l'un et l'autre disparaissent de bonne heure.

f. Foie, vu à travers la paroi abdominale. Son tissu a assez de transparence pour que l'on puisse suivre le tronc commun des veines ombilicales (*canal veineux ou d'Arantius*) qui le parcourt pour aller se jeter dans le confluent du cœur.

d. Confluent du cœur, recevant les troncs principaux de toutes les veines de l'Embryon et de ses annexes.

d'. Tronc commun des veines du côté droit, qui ramène au cœur le sang des parties antérieures ou supérieures de l'Embryon (*azygos supérieure droite*).

d''. Tronc commun des veines du côté droit, qui ramène au cœur le sang des parties postérieures ou inférieures de l'Embryon (*azygos inférieure droite* ou *azygos proprement dite*).

Le canal unique qui résulte de la réunion de ces deux troncs (*azygos supérieure* et *azygos inférieure droites*), et qui, après un court trajet, se jette dans le confluent du cœur (*d*) se convertira plus tard en *veine cave supérieure*).

k. Oreillette droite du cœur, cachant entièrement l'oreillette gauche, avec laquelle elle communique largement.

v. Ventricule droit du cœur, cachant entièrement le ventricule gauche.

Le bulbe aortique, prolongement de ces ventricules, après un court trajet, se divise en six branches artérielles, (trois de chaque côté), qui traversent les arcs branchiaux (*m*), s'anostomosent en arcades sur les parties latérales du cou, et fournissent, à droite et à gauche une branche ascendante (*futures carotides*), et une branche descendante (*double aorte abdominale primitive*). A ce degré de développement les deux branches descendantes ne sont isolées que dans une faible étendue au-dessous du dernier arc branchial, dans les cinq sixièmes de leur longueur, une fusion s'est établie entre elles, qui convertit le double courant qu'elles formaient en courant unique.

p. Cellule auditive ou bulbe auditif rudimentaire.

EXPLICATION DES PLANCHES.

ÉPINOCHE.

PLANCHE II.

Les figures de cette planche font suite à celles de la planche précédente : elles sont grossies soixante fois environ, et représentent les phases du développement de l'œuf depuis la segmentation extrême de la cicatritule, jusqu'à la formation complète du blastoderme. Sur toutes, la lettre *c* est affectée à la membrane vitelline, *e* à l'albumen qui entoure l'œuf, et *h* aux globules huileux qui entrent dans la composition du vitellus.

Fig. 1. Œuf examiné *dix-huit heures* après la ponte. La segmentation de la cicatricule (*a*) y est arrivée à l'état mûriforme, mais les segments n'ont pas perdu leur caractère de sphères organiques, pour prendre le caractère de cellules : quoique parfaitement limités en apparence, ces segments n'ont donc pas encore de membrane enveloppante propre. Le mamelon saillant que représente la cicatricule, repose et adhère par sa base à la surface de la sphère (*d*) que nous nommerons à cause de sa destination, *sphère nutritive, globe nutritif.*

Fig. 1'. Même œuf, montrant de face la cicatricule, dont la forme est redevenue circulaire, et dont le contour a pris plus de régularité que dans les figures 8, 9 et 10 de la planche précédente.

Fig. 2. Œuf examiné *vingt-deux heures* après la ponte. La segmentation de la cicatricule (*a*) y est arrivée à son dernier terme et chaque segment forme maintenant une cellule ayant une vésicule centrale, un contenu granuleux et une enveloppe propre.

Ces cellules, coalisées, constituent non plus un mamelon saillant, mais un disque creux appliqué par sa face concave sur la sphère nutritive.

Fig. 2' Même œuf. La cicatricule, vue de face, est sensiblement plus grande que dans la figure précédente et ses bords sont plus nettement limités. Les cellules qui la composent forment une couche dont l'épaisseur est à peu près partout égale.

Fig. 3. Œuf examiné *vingt-cinq heures* après la ponte. La calotte de sphère (*a*, *a*) que représente la cicatricule, déjà notablement agrandie, embrasse à peu près le quart du globe nutritif (*d*) et constitue un blastoderme à bords plus épais que le centre (*b*), différence qui est due à une accumulation plus grande de cellules à la circonférence.

Cette accumulation de cellules est surtout prononcée sur le côté gauche de la figure, au point *a* où se développera l'Embryon, et peut être considérée, malgré son irrégularité, comme représentant l'*aire germinative* des autres animaux.

Fig. 3'. Même œuf, dans lequel le blastoderme est vu de face. Une différence de coloration et de transparence fait mieux apprécier ici la différence d'épaisseur que présente cette membrane au pourtour et au centre (*b*). La tache embryonnaire, incorporée à la zone circulaire opaque ou aire germinative, se montre au point *a* de l'hémisphère inférieur.

Fig. 4. Œuf examiné *trente heures* après la ponte. Le blastoderme s'est agrandi et englobe la moitié de la sphère nutritive (*d*). Sa portion centrale (*b*), formée d'une seule couche de cellules est devenue plus transparente, et la zone périphérique, sorte de champ opaque de l'aire germinative sur un point de laquelle se manifeste, de profil, la tache embryonnaire (en *a* du côté gauche), s'y montre composée d'un amas de petites cellules. Une série de cellules plus grandes (*l*, *l*), disposées comme des pavés à la suite les uns des autres, déborde cette zone et forme la limite du blastoderme ou l'ombilic blastodermique, en dehors duquel se montre une couronne de vésicules transparentes (*m*) qui paraissent émaner de la sphère nutritive.

FIG. 4'. Même œuf sur lequel la tache embryonnaire (*a*) est vue de face. Les premières traces de l'Embryon (*f*) sont déjà manifestes : l'axe longitudinal y est marqué par une ligne transparente dont une des extrémités, (celle qui regarde le centre du blastoderme) correspond à la tête ; dont l'autre extrémité, (celle qui touche au bord), correspond à la queue.

Le développement des Poissons osseux est donc excentrique, contrairement à ce qui a lieu chez les Poissons cartilagineux où l'Embryon se développe au centre de la cicatricule, comme chez les Oiseaux, les Mammifères, etc.

FIG. 5. Œuf examiné *trente-six heures* après la ponte. Le blastoderme a envahi les cinq-sixièmes de la sphère nutritive (*d*). La portion qui formera les parois de la vésicule ombilicale (*b*) se distingue de plus en plus par sa transparence et son organisation simple de celle (*a*) qui entoure la tache embryonnaire et borde circulairement l'ombilic blastodermique. L'Embryon, courbé en arc, vu de profil par le côté droit, est en rapport par sa face convexe ou dorsale avec la membrane vitelline (*c*) et regarde par sa face concave ou ventrale l'intérieur de la sphère nutritive. L'ombilic blastodermique (*b*,*b*) auquel aboutit l'extrémité caudale, est limité, comme dans les deux figures précédentes, par une série de grandes cellules, en avant desquelles se montre la couronne de vésicules transparentes (*m*) dont il a été question plus haut.

Quoiqu'il n'y ait encore à cet âge, ni dans la gangue embryonnaire, ni sur la membrane qui formera la vésicule ombilicale, aucune apparence de circulation primitive ou omphalo-mésentérique, on aperçoit cependant déjà dans l'Embryon, au dessous de la portion renflée qui correspond à la tête, les premières traces du cœur (*u*), consistant en une fente longitudinale étroite, courte et peu profonde.

FIG. 5'. Même œuf, montrant, par le dos, les bandes primitives (*f*) qui constituent les premiers linéaments de l'Embryon ; bandes au centre desquelles se dessine l'axe *cérébro-spinal* (*g*, *g*) et que circonscrit l'espèce de champ opaque (*a*, *a*) qui se continue sur le pourtour de l'ombilic blastodermique (*l*, *l*), ombilic en avant duquel se montre, comme dans les trois figures précédentes (4, 4' et 5), la couronne de globules transparents (*m*).

A ce degré du développement, l'Embryon, par sa forme générale rappelle celle d'un corps de guitare. Son extrémité céphalique est un peu moins évasée que son extrémité caudale, et correspond à peu près au centre du blastoderme (*b*).

FIG. 6. Œuf examiné *quarante-deux heures* après la ponte. L'Embryon y est vu presque dans son entier, par le dos. La partie céphalique (*t*, *t*) s'y distingue du reste du corps par une dilatation en forme de spatule. Les lames dorsales ou vertébrales (*f*), limitées entièrement par la zone ou champ opaque (*a*, *a*) d'où vont sortir les parois latérales du corps de l'Embryon, forment un canal complet (canal médullaire), autour du système nerveux central primitif (*g*, *g*) et le tube que forme ce système a, dans l'extrémité céphalique, un renflement qui marque la place du cerveau proprement dit.

FIG. 6'. Même œuf. L'Embryon vu de profil, par le côté droit, y forme un demi-cercle dont la convexité ou face dorsale est en rapport avec la membrane vitelline, et dont la concavité ou face ventrale regarde l'intérieur de l'œuf. Son extrémité céphalique et son extrémité caudale sont notablement élevées au-dessus du plan de la vésicule ombilicale. On distingue sur cet Embryon : 1° à l'extrémité céphalique (*c*) le sinus oculaire droit, au centre duquel apparaît un petit corps vésiculaire (*o'*) qui est l'origine de la capsule cristalline ; 2° le cœur (*u*), dépourvu jusqu'ici de mouvements contractiles, et consistant toujours en une fente étroite et peu profonde ; 3° les premiers linéaments du cul-de-sac œsophagien (*v*).

L'ombilic blastodermique (*l*) est sur le point de se clore, et l'on n'arrive plus au contact de la sphère vitelline ou nutritive (*d*) que par un trou circulaire étroit. Sauf ce pertuis, le blastoderme (*b*) est donc constitué à l'état de vésicule complète et prendra désormais le nom de *vésicule-ombilicale*.

FIG. 7. Œuf examiné *quarante-cinq heures* après la ponte. Cette figure montre, par le dos, la moitié antérieure de l'Embryon. La partie céphalique (t, t) s'est élargie et affecte une forme carrée, modifications qui sont particulièrement dues au développement des capsules oculaires (o, o); le système nerveux central (g) s'est notablement renflé, et les bandes vertébrales qui lui forment canal n'offrent, dans cette moitié antérieure, encore rien de particulier à noter.

FIG. 7'. Même œuf, dans lequel la moitié postérieure de l'Embryon, seule visible, se présente par le dos. Sur les lames dorsales qui circonscrivent le système nerveux central (q, q) se montrent les premiers rudiments des vertèbres (q); et, tout à fait à l'extrémité caudale, une petite dépression rayonnée est la seule trace qui existe de l'ombilic blastodermique.

Sur cette figure et sur celle qui précède, a désigne la zone opaque qui constitue les parois latérales de l'Embryon, b les parois blastodermiques, actuellement parois de la vésicule ombilicale (y) et d la sphère nutritive ou vitelline.

FIG. 8. Œuf examiné *cinquante heures* après la ponte. L'Embryon dont on ne voit que la moitié antérieure s'y présente par le dos, et offre, à ce degré d'évolution, les modifications suivantes : du côté de l'extréimté céphalique (t, t), les capsules oculaires (o, o) se sont agrandies et les vésicules cristallines (o', o'), lenticulaires et proéminentes, commencent à s'enfoncer dans les masses oculaires, comme si elles procédaient de la couche externe ou sensoriale de l'Embryon. Le canal ou tube médullaire se sépare en cerveau et en moelle épinière, par l'effet du développement et des dilatations qu'a subies son extrémité antérieure; dilatations qui constitueront les cellules cérébrales primitives, à savoir : p la cellule cérébrale antérieure et q la cellule cérébrale moyenne (la cellule cérébrale postérieure ne se dessine par encore). Entre les lames vertébrales (f) et au niveau des capsules auditives (k, k) qui naissent du tube médullaire, se manifeste le corps particulier connu sous le nom de *corde dorsale* (r). Enfin, en arrière des masses oculaires, les parois latérales de l'Embryon (a), maintenant bien distinctes et en continuation de tissu avec la vésicule ombilicale (y), présentent deux vastes échancrures (j, j), une de chaque côté, qui seront le futur confluent du cœur.

FIG. 8'. Même œuf. L'Embryon vu de profil, par le côté droit, embrasse un peu plus de la moitié de la circonférence de l'œuf. Sa face dorsale;

comme dans les figures précédentes, regarde la membrane vitelline, et sa face ventrale, l'intérieur de la vésicule ombilicale. L'extrémité céphalique (*t*) et l'extrémité caudale derrière laquelle s'est fermé l'ombilic blastodermique (*l*), sont très-élevées au-dessus du plan de la vésicule ombilicale (*q*), mais n'en sont pas encore détachées. La capsule oculaire (*o*) n'offre rien de bien particulier; seulement la matière qui formera le cristallin (*o'*) commence déjà à se distinguer des parois de la vésicule qui la renferme. Le cœur (*u*) a pris la forme d'un tube conique, court, à large ouverture, et manifeste des contractions lentes, qui se produisent à des temps irréguliers, et font mouvoir quelques-uns des globules amoncelés à sa base. Ni l'Embryon, ni la vésicule ombilicale n'offrent encore de traces de vaisseaux proprement dits. Cependant, cette dernière, principalement au voisinage du cœur, présente d'immenses lacunes sans limites bien définies, dans lesquelles sont disséminés de nombreux globules, les uns libres, mais immobiles, les autres encore adhérents; globules qui, plus tard, mis en mouvement et appelés par les contractions du cœur, seront entrainés dans le torrent circulatoire. Ces globules se manifestent déjà vers la quarantième heure après la ponte, comme le montrent les figures (6, 6' et 7, 7'). Le nombre des vertèbres (*s*) s'est accru; le cul-de-sac œsophagien (*v*) est ici plus prononcé; en arrière et en-dessous de ce cul-de-sac se montre une vésicule oblongue (*z*), qui paraît être l'origine de la vessie natatoire.

Fig. 9. Coupe transversale de la tache embryonnaire représentée figure 4'. Une ligne qui passerait par les deux points culminants de la coupe indiquerait l'axe de l'Embryon. La couche interne ou intestinale ne se distingue pas encore de la couche externe ou sensoriale.

Fig. 10. Coupe transversale de la tache embryonnaire représentée figure 5', montrant l'origine de la gouttière primitive. Les deux couches y sont toujours confondues.

TABLE

DES MATIÈRES CONTENUES DANS CE FASCICULE.

TROISIÈME PARTIE.

MÉLANGE DE L'ÉLÉMENT MALE ET DE L'ÉLÉMENT FEMELLE. — FÉCONDATION.

EXPLICATION DES PLANCHES.

Paris. — Imp. de E. DONNAUD, rue Cassette, 9.

www.ingramcontent.com/pod-product-compliance
Ingram Content Group UK Ltd.
Pitfield, Milton Keynes, MK11 3LW, UK
UKHW020252250726
13967UKWH00004B/1641

9 782013 402057